好孩子书屋科普系列

海洋百科

HAIYANG BAIKE

焦庆锋／主编

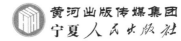

黄河出版传媒集团
宁夏人民出版社

图书在版编目（CIP）数据

海洋百科 / 焦庆锋主编 . -- 银川 : 宁夏人民出版社 , 2020.12（2024.5 重印）
（好孩子书屋科普系列）
ISBN 978-7-227-07419-9

Ⅰ.①海… Ⅱ.①焦… Ⅲ.①海洋—少儿读物 Ⅳ.① P7-49

中国版本图书馆 CIP 数据核字（2020）第 268332 号

好孩子书屋科普系列

海洋百科

焦庆锋　主编

责任编辑　赵学佳
责任校对　闫金萍
封面设计　宋双成
责任印制　侯　俊

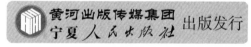

黄河出版传媒集团
宁夏人民出版社　出版发行

出 版 人　薛文斌
地　　址　宁夏银川市北京东路 139 号出版大厦（750001）
网　　址　http://www.yrpubm.com
网上书店　http://www.hh-book.com
电子信箱　nxrmcbs@126.com
邮购电话　0951-5052104　5052106
经　　销　全国新华书店
印刷装订　保定慧世源印刷有限公司
印刷委托书号　（宁）0029167

开本　889 mm×1194 mm　　1/24
印张　8
字数　250 千字
版次　2021 年 8 月第 1 版
印次　2024 年 5 月第 2 次印刷
书号　ISBN 978-7-227-07419-9
定价　39.80 元

著名的教育家叶圣陶先生在一次语文教改交流会上提出了"语文教学应重视课外阅读的引导"。纵观近十年的高考试卷，可以看出阅读与语言的运用是语文教学的一个重要方向。对青少年来说，阅读经典、接受文化传承无疑是非常必要的。之所以说开卷有益，是因为读书可以获取知识、掌握经验、增长智慧，从而更多地了解这个世界。书籍作为人类进步的阶梯，支撑着人类社会的发展与进步。

鉴于此，我们精心编撰了这套"好孩子书屋科普系列"丛书。本丛书包括《哺乳动物百科》《动物世界百科》《海洋百科》《恐龙百科》《昆虫百科》《爬行动物百科》《奇妙人体》《宇宙百科》《植物百科》等。如果你想知道地球内部的构造、太阳系外的样子、当今最前沿的科技、人类的身体有什么神奇之处、动物们都有怎样的本领……这些问题的答案，都能在本丛书中找到。本丛书所选的知识浅显易懂，符合少年儿

FOREWORD

童的认知特点。精美的插图和简洁的语言，能使小读者更有兴趣汲取书中的知识。相信通过对本丛书的学习，小读者的知识水平将会得到明显的提升。

本书编写过程中难免有纰漏，还望广大读者批评指正。

编　者

2020年11月

走进海洋

目录
CONTENTS

形形色色的海洋生物

海洋生态与开发利用

海洋之最

走进 海洋

影响海的颜色的因素
yǐngxiǎng hǎi de yán sè de yīn sù

海的颜色并不是一成不变的，它会因天气的变化而变化。晴天的时候海是蓝色的，阳光下海是金色的，但这些都不是海的本色，海的颜色究竟是怎样的呢？

海水颜色与阳光有关

海水的颜色简称水色，是指海洋中的水本身所呈现的颜色。它是海洋中的水
hǎi shuǐ de yán sè jiǎn chēng shuǐ sè　shì zhǐ hǎi yángzhōng de shuǐ běn shēn suǒ chéng xiàn de yán sè　tā shì hǎi yángzhōng de shuǐ

对太阳光线吸收和散射选择的结果，与天气变化无关。
duì tài yángguāng xiàn xī shōu hé sǎn shè xuǎn zé de jié guǒ　yǔ tiān qì biàn huà wú guān

太阳光与海水颜色

太阳光照到海面时，阳光中的七种颜色
tài yáng guāng zhào dào hǎi miàn shí　yáng guāngzhōng de qī zhǒng yán sè

其光线、波长是不一样的。海水对于波长较
qí guāng xiàn　bō cháng shì bù yí yàng de　hǎi shuǐ duì yú bō cháng jiào

长的光线很容易吸收，对于波长较短的则吸收较弱。红光、橙光和黄光这些长波光线进入海中后，都在不同的深度被吸收了。波长较短的蓝光和紫光不容易被吸收，遇到水分子或其他微粒就会被反射回来，或是四处散开。所以当海水清澈时，日光中被海水吸收不了的蓝光和紫光就被反射或散射到我们眼里，这样我们看见的大海就是蓝色的了。这就是太阳光线的强弱与海水颜色的关系。

悬浮物对海水颜色的影响

除此之外，海洋中悬浮物的多少和大小也会影响海水的透明度和水色。在大洋里，水质清澈，悬浮物不多，颗粒也很细小，所以水的透明度较高，水色就会呈现出蓝色。接近陆地的浅海或是海滩附近，因为离陆地上的泥沙很近，水中就会有大量颗粒较大的悬浮物，这时水的透明度就会受到影响，往往只

能呈现出绿色、黄色或黄绿色，很少会是
蓝色。

🔍 不同位置有不同的颜色

处于不同地理位置的大洋中的水色和
透明度还会因纬度不同而产生水色差异。在
气温较高的热带、亚热带海域，水层较为稳
定，海水会比较蓝。而气温较低的温带和寒
带海区，海水就不会显得那么蓝。另外，海
水含盐量的多少也会影响水色。海水中含盐
量低的，水色偏淡青；通常含盐量很高的，
海水则非常蓝。

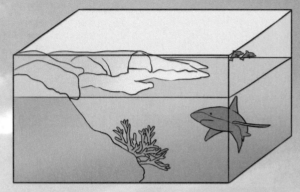

阳光照射区

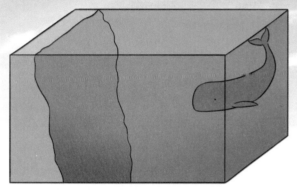

微光区

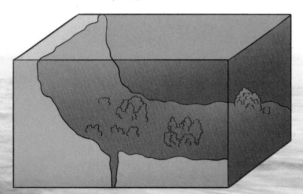

黑暗区

最初的海洋

辽阔的海洋占地球表面近 3/4 的面积，海水占地球总水量的 96.53%。如此众多的海水是从哪里来的？又是怎样汇聚成海洋的呢？

原始海洋的出现

广阔壮观的海洋并不是从一开始就存在的。地球最初形成的时候，地球表面非常炙热，水分蒸发很快，因此大气中并没有多少水分，在这样的环境中海水很难留存下来。后来地球表面的温度慢慢降了下来，地面的水汽蒸发得慢了，就被凝聚到云层中，积累到一定程度便形成雨，雨水大量地降落到地球上，遇到低洼的地方雨水就会汇集起来。日复一日、年复一年地累积，这些水流就形成了溪流，又由溪流汇聚成了江河，又由江河扩大为海洋。原始海洋就这样形成了。

*降雨

原始海洋面积

虽然原始海洋也称为海洋，但是原始海洋可没有现代海洋这么大的规模，水量也很少，只有现代海洋的1/10。后来，水流逐渐增大，贮藏在地球内部的结构水也慢慢汇聚到海里，又吸收了很多水流以后，海洋慢慢扩大，成了波澜壮阔的现代海洋。

＊入海口

现在的海水为什么是咸的

早期的海水既不苦也不咸，后来在不断补充水流的过程中，地面的水通过循环不断将岩石和土层分解的无机盐溶解，随着河流流入海洋，积累的盐分多了，海水才变咸的。

原始海洋富含营养物质

原始海洋虽然没有现代海洋辽阔，但是它所含的丰富营养，却比现代海洋要多很多。原始大气在化学演化过程中所形成的氨基酸、核苷酸、核糖、脱氧核糖等有机分子都随着雨水冲进了原始海洋，并迅速地下沉到原始海洋的中层，经过亿万年的积累，原始海洋中的有机分子越来越丰富，为生命的诞生创造了相应的条件。

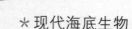

*现代海底生物

什么是海，什么是洋
shén me shì hǎi，shén me shì yáng

我们经常说"海洋"，其实海和洋并不是一回事，它们彼此之间是有区别的。究竟什么是海，什么是洋呢?

海洋的定义

海洋的中间部分称为洋。洋是世界海洋的主体部分，远离大陆，占海洋总面积的89%。一般大洋的水深不会低于3000米，最深处超过10000米。大洋的水色是很透明的蔚蓝色，水中的杂质非常少。全球海洋被划分为几个大洋和面积相对小一点的海。大洋一共分为四个：太平洋、大西洋、印度洋和北冰洋。

＊太平洋

海的定义

海在海洋面积中占的比例很小，只有

＊北冰洋

11%。根据所处位置的不同，海可以划分为边缘海、内陆海和陆间海。

边缘海

边缘海又称"缘海"或"边海"，处于大洋的边缘，濒临大陆，是被半岛、岛屿或群岛与大洋分开的海。按其主轴方向边缘海还可分为纵边缘海和横边缘海。主轴方向平行于附近陆地主断层线的就是纵边缘海，如白令海、鄂霍次克海、日本海等；主轴方向与陆地主断层线大体上呈直角的就是横边缘海，如北海等。

＊北海

内陆海

nèi lù hǎi shì bèi lù dì huò dǎo yǔ　qún dǎo suǒ bāo wéi de hǎi　chǔ yú dà lù nèi bù　zhǐ tōng guò xiá zhǎi de shuǐ dào
内陆海是被陆地或岛屿、群岛所包围的海，处于大陆内部，只通过狭窄的水道

hé dà yáng lián jiē　rú ōu zhōu de bō luó dì hǎi děng
和大洋连接，如欧洲的波罗的海等。

陆间海

lù jiān hǎi shì chǔ yú jǐ gè dà lù zhī jiān de hǎi　yě kě yǐ jiào zuò dì zhōng hǎi　miàn jī bǐ jiào dà　shēn dù yě bǐ
陆间海是处于几个大陆之间的海，也可以叫作地中海，面积比较大，深度也比

jiào shēn　tōng guò hǎi xiá hé pí lín de hǎi qū yǔ dà yáng lián tōng　diǎn xíng de lù jiān hǎi yǒu jiè yú zhōng měi hé nán měi dà lù zhī
较深，通过海峡和毗邻的海区与大洋连通。典型的陆间海有介于中美和南美大陆之

jiān de jiā lè bǐ hǎi　hé wèi yú ōu zhōu　yà zhōu　fēi zhōu zhī jiān de dì zhōng hǎi
间的加勒比海，和位于欧洲、亚洲、非洲之间的地中海。

*地中海

大海的深度
dà hǎi de shēn dù

浩瀚的大海一望无际，遍布在我们居住的星球上。海底的世界奇妙无比，如同陆地一样，有高山，有沟壑，也有深涧。但是大海究竟有多深呢？

对海洋深度的探索

古时候，科学技术不发达，因此测量结果很不准确。尽管如此，还是有人开始对海洋的深度产生了兴趣，并进行了各类探测性的尝试。相传航海家哥伦布就曾用一根800米长的绳子系了一个金属锤去探测大海的深度，但绳子还没有触到海底，他就已经认定海的深度是多少了。这个方法不仅有些可笑，而且也不可能得到准确的数字。

科学测量

随着科学技术的发展，到今天人们已经能够利用电子学对海的深度做出准确的

测量，这种测量的方法叫作"回声定位法"。所谓回声定位就如同我们在山谷中听到的回声一样，使用回声探测仪在水面上向海底发射超声波，声波在触到海底后就会被反射回来，回声探测仪收到信号后，根据声波所用时间和声波每秒在海水里行进的速度，就可以计算出声波总长度，从而知道海的深度。

不同海域的深度

随着人们不断地反复测量计算，现在不但可以知道海的深度，还可以知道海里各个区域的深度。海的深度随着地势走向逐渐加深，内陆附近的浅海区水深只有200米左右，而到了大陆坡，坡势很陡，水深增到2500米。再往深处到大陆裙，水深最高能接近4000米。而大洋最深处更是深达6000米。不过这还不是最深的，目前探得海底最深处是马里亚纳海沟，深度为11034米。这是怎样一个深度啊！大海的深度真是神秘，引起人们无限的探索兴趣。

北海
平均深度94米

北冰洋
平均深度990米

地中海
平均深度1500米

加勒比海
平均深度2647米

大西洋
平均深度3330米

印度洋
平均深度3890米

太平洋
平均深度4280米

海的活力——大洋环流

看似平静的大海并不是只有刮起风浪的时候才是运动的，事实上海水无时无刻不在流动，它们相互循环，不断输送着热量、盐类和氧气，使彼此充满活力。

大洋环流的特点

这些循环流动的海水就是大洋环流。大洋环流的形式多种多样，有表层的环流，也有下层的潜流，有顺时针的，也有逆时针的。它们受海风、地理位置、地球自转和盐分等多方面综合因素作用的影响而成，所以表现的形式也就不同。

风对洋流的影响

海上的大风如果常年风力稳定，就会形

成势头旺盛的海流。这些与风的作用有关

的海流都属于海洋表层的海流，因此又叫

"风海流"。

地球自转对洋流的影响

除了风力形成的环流外，大陆分布和地球自转中的偏向力对环流也有影

响。当赤道流受到陆地阻隔的时候，一小部分洋流潜入下层返回，成为赤道潜流；

其他大部分洋流受地球偏向力牵引转弯，在北半球受偏向力的影响会向右转，在南半球则向左转。

海水盐度对洋流的影响

大洋环流还与海水的盐度差异和温度有关，由温度和盐度引起的环流叫作热盐环流。

大洋环流的流向

大洋环流还分为逆时针环流和顺时针环流。例如，大洋环流中的逆时针环流是由南赤道流、东澳大利亚流、西风漂流和秘鲁海流组成的。北大西洋环流由北赤道流、墨西哥湾流、北大西洋流和加那利海流组成；南大西洋环流由南赤道流、巴西海流、西风漂流和本格拉海流组成。

海浪从哪里来

美丽的海浪总是出现在文章里，在深沉的大海上海浪一簇一簇万头攒动，似乎天生就是个可爱的精灵。如此活泼的海浪是怎样形成的呢？

海浪的特点

海浪是海水波动的一种现象，是海面起伏形状的传播。当海水受到外力作用的时候，水质点会脱离原来的位置，之后又在水的表面张力作用下恢复到原来的平衡位置，海水就这样以平衡点为中心，做匀速圆周振动。连续起伏的水质点会构成一定的波形，在这条波形上，经过一段时间，各个水质点围绕平衡点移动的距离就会相等，并做周期性振动，水质点振动一周的周期，就是波浪的周期。

海浪的种类

海浪并不都是浪花朵朵，也有惊涛骇浪的时候。其大体分为三种，分别是风浪、涌浪和近岸浪。

风浪的形成自然和风有关，海面上风力越大，风速越强，浪花就越大。狂风突起的时候，海浪可高达30米，十分骇人。

涌浪又叫长浪，当风速减弱或风向改变后遗留下来的浪就是涌浪。涌浪失去风力的助长，又受到空气阻力和海水摩擦的影响，会失去不少能量，波高也会降低，周期拉长，波面变得更加规则和光滑。

近岸浪是风浪和涌浪传到海岸附近受到地形作用改变了波动性质的海浪。海浪的形成与太阳、地球、月亮的位置有很大关系。

海浪的利用

波浪是一种巨大的能源，很早以前人们就学会利用波浪来制造动能。1799年，法国人吉拉德父子发明了利用波浪的机械。1910年，法国人布索·白拉塞克利用与海水相通的密闭竖管中的空气，在海浪起伏作用下被收缩，进而驱动活塞往复运动的原理，在其海滨住宅附近建了一座能够供应1000瓦电力的发电站。

潮汐现象
cháo xī xiàn xiàng

大海有涨潮也有落潮的时候，白天海水的涌动叫作潮，晚上海水的涌动叫作汐。潮汐是海水在月球和太阳引潮力作用下产生的一种周期性运动。

引潮力

引潮力是什么呢？从物理学角度讲，地球由于公转和自转而产生离心力等四种力的合力称为引潮力。古人对于潮汐的形成有多种猜想，古希腊哲学家柏拉图就曾认为，潮汐就是地球在呼吸，是由海底岩穴的振动引起的。到了17世纪，牛顿用万有引力定律解释了月球和太阳对海水的吸引才是引发潮汐的原因，从而科学地解释了这一自然现象。

18

潮汐的形成

究竟潮汐是怎么形成的呢？海水受地球自转的影响也在旋转，受到离心力的影响，在旋转过程中逐渐偏离了旋转中心，就如同转动的雨伞一样，伞上的水珠随着伞的转动就会被抛出伞面。因为月球和太阳对地球的影响是有规律的，所以潮汐也是有规律的。

潮汐的利用

同海浪一样，潮汐也是可利用的能源。除了可以利用潮汐捕鱼、航运和产盐外，还可以养殖海洋生物和发电。理论上讲，全世界潮汐能蕴藏量约为30亿千瓦。

钱塘江大潮

中国最有名的大潮是钱塘江大潮，钱塘江口外宽内窄，呈明显的喇叭状。出海口的江面有100千米宽，越往里江面越窄，到海宁盐官镇一带时，江面骤然降到只有3千米宽。涨潮时，海潮倒灌，宽阔的江口一下子涌进大量海水，海水向内推进，由于江面逐渐变得狭窄，汹涌的潮水被拥挤到一起，就形成了大潮，前面的水还没有疏通，后面的浪又赶上来，一浪高过一浪，十分壮观。

<ruby>可<rt>kě</rt></ruby><ruby>怕<rt>pà</rt></ruby><ruby>的<rt>de</rt></ruby><ruby>海<rt>hǎi</rt></ruby><ruby>啸<rt>xiào</rt></ruby>

大海平时看似风平浪静，一旦风起云涌起来，便会带来狂风巨浪。海啸掀起的海浪有时可高达数十米，所到之处农田被淹没，住宅被冲毁，城市成为一片瓦砾，是不容小觑的自然灾害。

海啸产生的原因

<ruby>海<rt>hǎi</rt></ruby><ruby>啸<rt>xiào</rt></ruby><ruby>通<rt>tōng</rt></ruby><ruby>常<rt>cháng</rt></ruby><ruby>由<rt>yóu</rt></ruby><ruby>地<rt>dì</rt></ruby><ruby>震<rt>zhèn</rt></ruby><ruby>引<rt>yǐn</rt></ruby><ruby>起<rt>qǐ</rt></ruby>，<ruby>地<rt>dì</rt></ruby><ruby>震<rt>zhèn</rt></ruby><ruby>的<rt>de</rt></ruby><ruby>动<rt>dòng</rt></ruby><ruby>力<rt>lì</rt></ruby><ruby>引<rt>yǐn</rt></ruby><ruby>起<rt>qǐ</rt></ruby><ruby>海<rt>hǎi</rt></ruby><ruby>水<rt>shuǐ</rt></ruby><ruby>剧<rt>jù</rt></ruby><ruby>烈<rt>liè</rt></ruby><ruby>地<rt>de</rt></ruby><ruby>起<rt>qǐ</rt></ruby><ruby>伏<rt>fú</rt></ruby>，<ruby>海<rt>hǎi</rt></ruby><ruby>水<rt>shuǐ</rt></ruby><ruby>因<rt>yīn</rt></ruby><ruby>此<rt>cǐ</rt></ruby><ruby>形<rt>xíng</rt></ruby><ruby>成<rt>chéng</rt></ruby><ruby>强<rt>qiáng</rt></ruby><ruby>大<rt>dà</rt></ruby>

<ruby>的<rt>de</rt></ruby><ruby>波<rt>bō</rt></ruby><ruby>浪<rt>làng</rt></ruby>。<ruby>这<rt>zhè</rt></ruby><ruby>些<rt>xiē</rt></ruby><ruby>波<rt>bō</rt></ruby><ruby>浪<rt>làng</rt></ruby><ruby>在<rt>zài</rt></ruby><ruby>深<rt>shēn</rt></ruby><ruby>海<rt>hǎi</rt></ruby><ruby>里<rt>lǐ</rt></ruby><ruby>起<rt>qǐ</rt></ruby><ruby>伏<rt>fú</rt></ruby><ruby>并<rt>bìng</rt></ruby><ruby>不<rt>bù</rt></ruby><ruby>明<rt>míng</rt></ruby><ruby>显<rt>xiǎn</rt></ruby>，<ruby>一<rt>yí</rt></ruby><ruby>旦<rt>dàn</rt></ruby><ruby>到<rt>dào</rt></ruby><ruby>了<rt>le</rt></ruby><ruby>距<rt>jù</rt></ruby><ruby>离<rt>lí</rt></ruby><ruby>岸<rt>àn</rt></ruby><ruby>边<rt>biān</rt></ruby><ruby>较<rt>jiào</rt></ruby><ruby>近<rt>jìn</rt></ruby><ruby>的<rt>de</rt></ruby><ruby>浅<rt>qiǎn</rt></ruby><ruby>水<rt>shuǐ</rt></ruby><ruby>区<rt>qū</rt></ruby>，<ruby>巨<rt>jù</rt></ruby><ruby>大<rt>dà</rt></ruby>

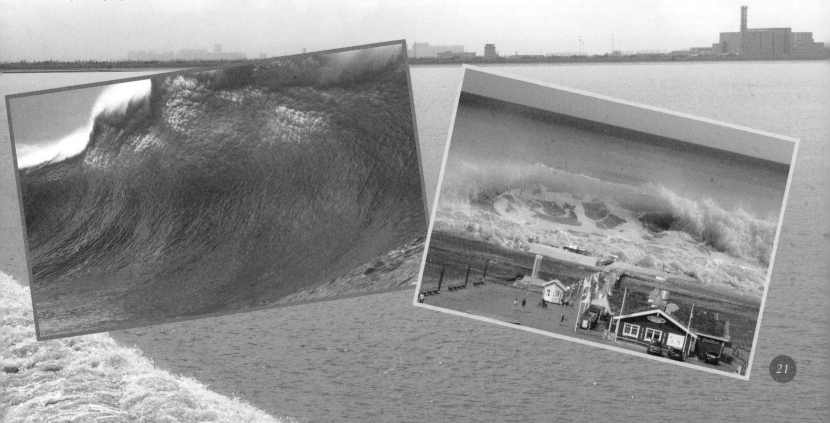

的冲击就会将海浪骤然掀起，形成海啸。海啸像一道道潮水铸成的高墙一样，向前推进，扑到岸上，给沿岸带来巨大的损失。

历史上重大的海啸事件

1883年苏门答腊及爪哇岛由于火山爆发引发的海啸致使3.5万人死亡。

日本是地震和海啸的多发区，1896年海啸中死亡人数达两万多人。1946年日本南部发生大海啸，致使10万人丧失了家园。

就连地处温和的太平洋上的美国也未能幸免，1946年美国夏威夷发生海啸，死亡200人。

伤亡最惨重的海啸事件当属2004年印度尼西亚大海啸，这次大海啸由苏门答腊岛9级地震引发。这场海啸中共死亡20万人，可谓海啸历史上死亡人数最多的一次。

海啸中如何逃生

第一，通常海啸都与地震相连，地震是海啸的前兆，如果感受到了大地的震动，那么就要预备海啸发生的可能了。这时候一定要远离海岸，尽量到内陆去。

第二，听到海啸预警后，应该马上把船只开到开阔海域，如果时间紧急，不能马上离开海港，也不要停留在海港内的船只上。

第三，如果发现水面明显升高或者降低，这也是海啸来临的前兆，应当立即离开海里到内陆上的高处暂避。

第四，准备装有常备药品、食品、饮用水的急救包和在遇到灾害时保证可以供应72小时的必需品。

海冰的危害

hǎi bīng de wēi hài

冰在陆地上被人们雕刻成冰雕和冰灯，为人们的生活带来乐趣。但是冰如果聚集到海里成为海冰，就会成为一种灾难。

海冰的形成

海冰是指由海水冻结成的咸水冰，也有一部分是由江河注入海中的淡水形成的，它对极地地区的水文、生态都有很大影响。同其他的海洋资源不同，海冰对人类更多的不是造福而是灾难，它是海洋五大主要灾害之一，素有"白色杀手"之称。

海冰的分布情况

我国海域里也分布着不少海冰，主要集中在渤海和黄海北部。世界上的海冰则主要集中在南极和北极。南极洲蕴含的冰块占全球冰块总量的90%以上，在南半球水域里出现的冰山往往比北半球的大得多，有的就如同一座冰岛那么大，高达数百米，宽有几百千米。海上冰山融化消失会使临近海洋的水温和海平面发生变化。

海冰灾害

最著名的海冰灾难要数1912年4月的泰坦尼克号撞击冰山后沉没事件，此次事件令1500余人丧生。类似事件并非只此一例，我国也曾遭受过海冰灾难事件。1969年渤海特大冰封时期，海冰将"海二井"的石油平台推倒，还将重500吨的"海一井"平台支座拉筋全部割断，给我国造成了巨大的损失。

25

异常的气候——厄尔尼诺现象

曾几何时，厄尔尼诺这个词语开始进入人们的生活。这个出自秘鲁和厄瓜多尔渔民口中的词语，成了全球异常气候的代名词。

厄尔尼诺现象的表现

厄尔尼诺现象主要表现为太平洋东部和中部的热带海洋的海水温度异常，海水持续变暖，从而引起全球气候模式发生变化。气候的失衡导致有些地区连续降雨，而有些地区又极度干旱。这种现象往往要持续半年或几个月，完全打乱了原来的自然规律，并且影响范围极广。

出现原因

科学家们普遍认为，造成厄尔尼诺现象的原因是由于南北半球赤道附近的信风带动海水自东向西流动，形成南北赤道暖流，从而带动了海水温度的上升。海水温度上升，太平洋地区的冷水上翻就会减少或停止，海水温度就会更高。

厄尔尼诺现象的四个阶段

一般认为本区域海水表面温度的平均值高于0.5℃即可认为是厄尔尼诺现象。厄尔尼诺现象的全过程一般持续一年左右，分为发生期、发展期、持续期和衰减期四个阶段。

预警作用

尽管厄尔尼诺现象导致的气候变化给人类带来诸多危害，但从另一个角度看，它未尝不是对全球气候灾害的预警。能够科学地看待厄尔尼诺现象，了解和认识厄尔尼诺带给人们的启示，可以帮助人们对气候做好监测。

è ěr ní nuò xiàn xiàng měi gé　　　nián fā shēng yí cì　　bèi kàn zuò shì yǐng xiǎng quán qiú qì hòu zuì qiáng de xìn
厄尔尼诺现象每隔2～7年发生一次，被看作是影响全球气候最强的信

hào　　yì bān zài è ěr ní nuò xiàn xiàng fā shēng hòu de dì èr nián　　huì chū xiàn dà guī mó de hóng lào zāi hài　　　nián
号。一般在厄尔尼诺现象发生后的第二年，会出现大规模的洪涝灾害，1998年

zhōng guó nán fāng de tè dà hóng shuǐ jiù yǔ cǐ yǒu guān
中国南方的特大洪水就与此有关。

生命摇篮

因为蓝色的海洋占据地球表面积的 70%，所以地球也被称作"蓝色星球"。海洋容纳了地球 97% 的水。

🔍 海洋生物进化阶梯

从低级到高级、从单细胞生物到多细胞生物是生命的进化顺序。经过几千万年的演化，海洋中的原始细胞成了原始单细胞藻类。这些藻类又历经亿万年的进化，才产生了原始水母、海绵、三叶虫、鹦鹉螺、蛤类、珊瑚等。约在 4 亿年前，海洋鱼类出现了，约 2 亿年前又陆续出现了原始水母、两栖类动物、鸟类、哺乳动物。人类的出现大约在 300 万年前。

🔍 海洋食物链

各种生物通过捕食关系而确立起来的联系被称作食物链。海洋食物链的最末端是浮游生物，浮游生物的上层捕食者是小鱼，小鱼的上层捕食者是大鱼或乌贼这类海洋生物。更大一点的是海豚、海豹这类海洋生物，最后便是蓝鲸之类的大型海洋生物。

🔍 海洋生物大家庭

究竟有多少种生物生活在广阔的海洋之中呢？经过长期的研究和探索，科学家们发现了大约25万种海洋生物（不包括海洋微生物），但海洋生物种类的实际数量可能高达210万种。海洋植物、海洋动物、海洋微生物、病毒等构成了海洋生物大家庭。海洋的不同深度都有大家庭的成员。

＊海洋食物链

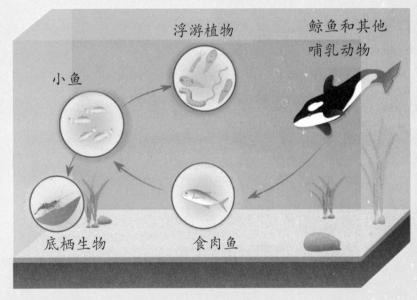

浮游植物

鲸鱼和其他哺乳动物

小鱼

底栖生物

食肉鱼

31

早期海洋生物
zǎo qī hǎi yáng shēng wù

为了适应早期的海洋生活环境，海洋生物的体型存在着很大的差别，有些生物非常微小，有些生物却十分巨大，就算是庞大的恐龙和它们比起来，也只能算一般个头。

菊石

菊石，因它的表面大多有像菊花一样的线纹
jú shí，yīn tā de biǎo miàn dà duō yǒu xiàng jú huā yí yàng de xiàn wén

而得名，是已经灭绝的海生无脊椎动物。菊石最
ér dé míng，shì yǐ jīng miè jué de hǎi shēng wú jǐ zhuī dòng wù。jú shí zuì

早出现在距今约4亿年前的古生代，在距今约2.25
zǎo chū xiàn zài jù jīn yuē yì nián qián de gǔ shēng dài，zài jù jīn yuē

亿年前的中生时代数量最多，在距今约6500万年前
yì nián qián de zhōng shēng shí dài shù liàng zuì duō，zài jù jīn yuē wàn nián qián

灭绝。
miè jué

＊菊石

三叶虫

三叶虫出现于早古生代的寒武纪，灭绝于二叠纪末的地质灾害，是古生代海
sān yè chóng chū xiàn yú zǎo gǔ shēng dài de hán wǔ jì，miè jué yú èr dié jì mò de dì zhì zāi hài，shì gǔ shēng dài hǎi

洋性生物，也是远古动物中最具代表性的一类。三叶虫的背壳包括横分和纵分两
yáng xìng shēng wù，yě shì yuǎn gǔ dòng wù zhōng zuì jù dài biǎo xìng de yí lèi。sān yè chóng de bèi ké bāo kuò héng fēn hé zòng fēn liǎng

种。横分由前、中、后三部分构成，长度在1毫米至72厘米之间；纵分由一个中
zhǒng。héng fēn yóu qián、zhōng、hòu sān bù fēn gòu chéng，cháng dù zài háo mǐ zhì lí mǐ zhī jiān；zòng fēn yóu yí gè zhōng

轴和两个肋叶三部分构成。三叶虫为卵生，雌雄异体，在生长发育过程中，形态发生了很大的变化。通过化石可以清晰地看到三叶虫的身体结构。

＊三叶虫化石

鹦鹉螺

鹦鹉螺是海洋软体动物，其整个螺旋形外壳像光滑的圆盘一般，形状似鹦鹉嘴，因此得名。鹦鹉螺属于底栖动物，喜欢在100米的深水底层活动。它们可以凭借充气的外壳在水中游泳，也可以用漏斗喷水的方式在水中遨游。鹦鹉螺多在夜间活动，底栖的甲壳类动物是它们的主要食物。

＊鹦鹉螺

邓氏鱼

邓氏鱼是一种大型古生物，活跃于古生代泥盆纪时期，长约8~10米，重约4

dūn tóu bù yǒu jiǎ zhuàng bāo guǒ wù shì dùn pí yú jiā zú zhōng de zuì dà zhě tā men yǐ yǒu yìng ké bǎo hù de yú lèi jí
吨，头部有甲状包裹物，是盾皮鱼家族中的最大者。它们以有硬壳保护的鱼类及

wú jǐ zhuī dòng wù wéi zhǔ shí shì dāng shí de dǐng jí hǎi yáng lüè shí zhě tā men bǐ kǒng lóng zǎo yì nián cún zài shì zuì
无脊椎动物为主食，是当时的顶级海洋掠食者。它们比恐龙早1.75亿年存在，是最

gǔ lǎo de yǒu é jǐ zhuī dòng wù zhī yī
古老的有额脊椎动物之一。

海洋中顶级的掠食者

cāng lóng shēng huó zài yuē wàn zhì wàn nián qián fēn bù zài shì jiè gè dì de hǎi yángzhōng zuì dà de cāng
沧龙，生活在约7000万至6500万年前，分布在世界各地的海洋中。最大的沧

lóng shēn tǐ cháng dá mǐ zhòng dūn shì hǎi yángzhōng dǐng jí de lüè shí zhě yě shì yuǎn gǔ hǎi yáng lǐ de bà zhǔ
龙身体长达21米，重30吨，是海洋中顶级的掠食者，也是远古海洋里的霸主，

yīn wèi tā men zài wàn nián de shí jiān lǐ xiāo miè gān jìng le zì jǐ suǒ yǒu de jìng zhēng duì shǒu
因为它们在10万年的时间里消灭干净了自己所有的竞争对手。

海洋地形 地貌

陆地、岛屿、半岛的分布

地球上的陆地有大陆、半岛和岛屿，半岛和岛屿都紧邻大海，它们各有各的特点。

半岛

半岛是三面临水，一面与陆地相连的地貌，通常一半深入水中，兼备水陆两样特点。世界上共有四个半岛：阿拉伯半岛位于亚洲西南部，是世界上最大的半岛；印度半岛是世界第二大半岛，因为是以德干高原为主体，所以又叫德干半岛；中南半岛位于中国和南亚之间，是世界上国家最多的半岛，岛上有越南、老挝、柬埔寨、缅甸、泰国及马来西亚等国；拉布拉多半岛位于北美洲，面积为140万平方千米，是北美洲最大的半岛。

岛屿

岛屿与半岛十分相似，所不同的是，岛屿的四面完全是环水的。根据成因岛屿可以分为大陆岛、火山岛、珊瑚岛和冲积岛这几种。世界上最大的岛屿是格陵

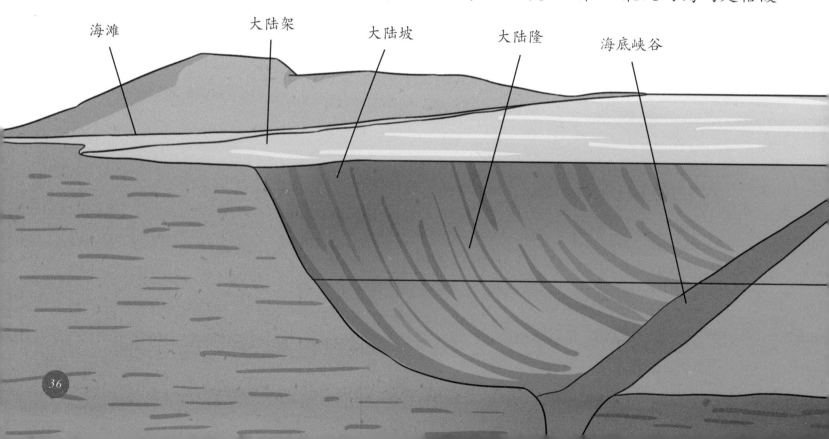

海滩　大陆架　大陆坡　大陆隆　海底峡谷

lán dǎo　　 miàn jī wéi　　　　　 wàn píng fāng qiān mǐ　　　 miàn jī zuì xiǎo de dǎo yǔ shì wèi yú tài píng yáng shàng de nǎo lǔ　 miàn jī zhǐ

兰岛，面积为 217.5 万平方千米。面积最小的岛屿是位于太平洋上的瑙鲁，面积只

yǒu　　 píng fāng qiān mǐ

有 22 平方千米。

dān dú yí gè xiǎo dǎo jiào zuò dǎo yǔ　　 chéng piàn jìn jù lí jù jí dào yì qǐ de dǎo yǔ jiù jiào zuò qún dǎo　　 rú nán shā qún

单独一个小岛叫作岛屿，成片近距离聚集到一起的岛屿就叫作群岛。如南沙群

dǎo hé mǎ lái qún dǎo　　 dōu shì sàn bù zài qiǎn hǎi dì qū de dǎo yǔ　　 gēn jù qí xíng chéng yuán yīn qún dǎo kě yǐ fēn wéi huǒ shān qún

岛和马来群岛，都是散布在浅海地区的岛屿。根据其形成原因群岛可以分为火山群

dǎo　 shēng wù jiāo qún dǎo hé bǎo lěi qún dǎo

岛、生物礁群岛和堡垒群岛。

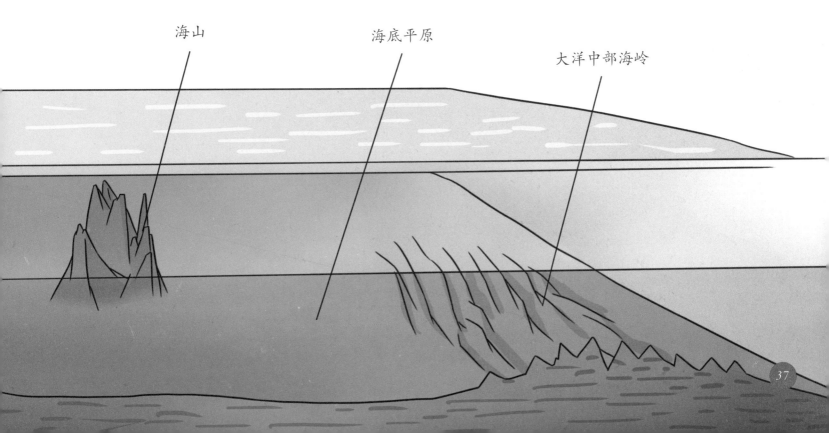

海山　　　　　　海底平原　　　　　　大洋中部海岭

海洋的分类

海洋有边缘海、陆间海和内海三种之分，划分的依据是海洋所处的位置。这三种海究竟有什么不同呢？

边缘海

边缘海位于大陆的边缘，它的一侧是大陆，另一侧是半岛或岛屿。这些岛屿将海与大洋分隔开，既是大陆的边缘，也是海洋的边缘。这样的海属于板块构造上所讲的弧后盆地，中国的东海、黄海和南海都属于边缘海。

38

🔍 陆间海

陆间海是位于两块大陆之间的海，周围被大陆包围，只通过海峡与大洋相通，因此也被称作"地中海"。

🔍 内海

内海是指深入大陆内部的海，这样的海一般面积都不大，只通过狭窄的水道或是边缘海与大洋相通，它的水文特征受陆地影响比较大。

海洋咽喉和海中走廊

hǎi yáng yān hóu hé hǎi zhōng zǒu láng

海峡是沟通大洋与陆地或大洋与大洋之间的交通要道，虽然狭窄但很重要，如同一个国家的咽喉，一直都是各国争夺的目标。而海湾通常都布满港口，用来进行货运贸易往来，对于一个国家的经济来说也同样重要。

海洋咽喉——海湾

海湾的三面都是陆地，只有一面是海洋，通常呈圆弧形或"U"形。一般划分海湾的依据是，将湾口附近两个对应海角的连线作为海湾最外部的边缘，这个边缘就是划分海湾与海的分界线。通常海湾的面积都比海峡大。

海湾风浪很小，泥沙沉积较多，水面相对比较平静。通常海湾里的渔业资源都很丰富，所以人类常常把海湾作为自己开采的目标。同时海湾的风光很迷人，

chángcháng shì rén men lǚ yóu de hǎo xuǎn zé
常 常 是 人 们 旅 游 的 好 选 择。

海上走廊——海峡

hǎi xiá shì lián jiē liǎng piàn xiāng lín hǎi yù de xiá cháng shuǐ dào　　bèi jiā
海 峡 是 连 接 两 片 相 邻 海 域 的 狭 长 水 道，被 夹

zài liǎng kuài dà lù zhī jiān　　yóu yú běn shēn shí fēn xiá zhǎi　　suǒ yǐ shuǐ liú bǐ
在 两 块 大 陆 之 间，由 于 本 身 十 分 狭 窄，所 以 水 流 比

jiào tuān jí　　hǎi shuǐ hěn shēn　　hái yǒu hěn duō xuán wō　　yīn wèi shì lián jiē liǎng
较 湍 急，海 水 很 深，还 有 很 多 漩 涡。因 为 是 连 接 两

piàn xiāng lín hǎi yù de bì jīng zhī lù　　suǒ yǐ hǎi xiá de zuò yòng shí fēn zhòng
片 相 邻 海 域 的 必 经 之 路，所 以 海 峡 的 作 用 十 分 重

yào　　tā shì guó jiā háng yùn　　mào yì hé jiāo tōng de shū niǔ　　suǒ yǐ yǒu
要。它 是 国 家 航 运、贸 易 和 交 通 的 枢 纽，所 以 有

huáng jīn shuǐ dào　　zhī chēng　　quán shì jiè yí yú háng xíng de hǎi xiá yǒu 130
"黄 金 水 道" 之 称。全 世 界 宜 于 航 行 的 海 峡 有 130

duō gè　　qí zhōng yǒu　　duō gè hǎi xiá měi tiān guò wǎng de chuán zhī chāo guò wàn
多 个，其 中 有 40 多 个 海 峡 每 天 过 往 的 船 只 超 过 万

sōu　　shí fēn fán máng　　quán shì jiè　　duō gè hǎi xiá zhōng zhēn zhèng bèi chōng fèn lì yòng de bìng bù duō　　yǒu hěn duō
艘，十 分 繁 忙。全 世 界 1000 多 个 海 峡 中 真 正 被 充 分 利 用 的 并 不 多，有 很 多

hǎi xiá zhì jīn hái méi yǒu bèi rén men hěn hǎo de lì yòng
海 峡 至 今 还 没 有 被 人 们 很 好 地 利 用。

大陆边的浅海——大陆架

dà lù biān de qiǎn hǎi　　　　dà lù jià

大陆架是被海水覆盖的大陆，可以说是陆地的一部分，也可以说是靠近大陆的浅海地带。

🔍 大陆架的形成

大陆架是陆地的一部分。大陆架的地貌和陆地是一样的，冰川时代，海水下降，陆地浮出水面，到了间冰时代，海水淹没了大陆架，这里便成了浅海。大陆架的形成有两种原因：地壳运动中陆地下沉，海水覆盖了陆地，就成了大陆架；或者是海浪冲刷腐蚀了陆地，使陆地被淹没在水下。

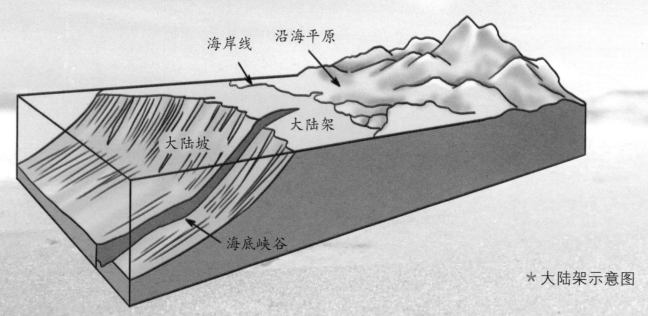

海岸线　　沿海平原

大陆架

大陆坡

海底峡谷

＊大陆架示意图

我国的大陆架

我国海洋资源较为丰富，大陆架宽广，黄海和渤海全部位于大陆架上，不仅每年能够依靠渔业捕捞创造可观的经济价值，而且蕴藏的石油储量更是惊人。

hǎi zhōng wēi jī —— huǒ shān
海中危机——火山

海底有大量的火山，地球上大约 80% 的火山都在海底，这些火山一旦喷发起来，危害程度并不比陆地上的火山小多少。海底火山的规模和数量远超陆地。

海底火山也会喷发吗

hǎi dǐ huǒ shān pēn fā de chǎng jǐng　　wǒ men sì hū zhǐ zài zāi nàn piàn lǐ jiàn guò　　nà me hǎi dǐ de huǒ shān jiū jìng huì bú
海底火山喷发的场景，我们似乎只在灾难片里见过。那么海底的火山究竟会不

huì pēn fā ne　　shì shí shàng yóu yú hǎi dǐ hěn shēn　　suǒ yǐ huǒ shān pēn fā hòu hǎi miàn bìng bù mǎ shàng xiǎn xiàn chū lái　　děng dào
会喷发呢？事实上由于海底很深，所以火山喷发后海面并不马上显现出来，等到

kuài dào hǎi miàn de shí hou　　huǒ shān huī hé huǒ shān yán cái huì pēn fā chū lái
快到海面的时候，火山灰和火山岩才会喷发出来。

如何辨别海底火山将要喷发

陆地上的火山爆发之前在火山一侧会产生一个明显的圆丘预兆，同样海里的火山爆发之前也是有先兆的。当海里开始冒起奇怪的轻烟的时候，就有可能是海底的火山要爆发了。这时候海水的温度会升高，海水的颜色也会变成深褐色，行驶在海上的船只要格外注意了。不过通常海底火山爆发的时候，人们是很难防范的，所以常常给人们造成比陆地上火山爆发更大的灾难。

曲折的海岸

蜿蜒曲折的海岸常常映入我们的眼帘，在陆地和海洋之间构成一条交界线。介于海洋的潮湿和陆地的干燥中的这块"潮间带"成为许多海洋生物聚居的乐园。

恐怖的骷髅海岸

与卵石海岸的光彩夺目比起来，骷髅海岸就比较恐怖了。不过不用担心，这里不是真的有骷髅，而是一片白色的沙漠。这片沙漠位于非洲纳米比亚，近邻的是大西洋，海岸绵延至纳米比亚沙漠里，终年都难得下雨。500千米长的海岸受到烈日的炙烤，显得苍白而荒凉，却又异常美丽。

雄伟壮丽的基岩海岸

轮廓分明的基岩海岸，由坚硬的岩石组成，线条强劲，充满阳刚之美。由于基岩海岸多由花岗岩、石灰岩和石英岩等形成，岩石受到海水的不断腐蚀，所以基岩海岸上经常出现没有被海水腐蚀掉的岬角。岬角呈夹角状伸向海里，与海湾相间分布，造成岸线的曲折。

五彩缤纷的卵石海岸

夏日的海滩边，常常聚集着许多游人，散落在海滩上的各色卵石被人争相采撷。色彩鲜艳的鹅卵石来自于山洪和海水的溶解和冲刷，在日复一日的洗礼中，这些石头被磨去棱角打磨光滑，成堆地堆积起来，就形成了卵石海岸。我国的卵石海岸分布较多，辽东半岛和山东半岛都有这种海岸。

海中竖井——蓝洞

海里有许多深沟浅壑、"丛林"山地，只要是陆地上有的地貌，海洋里都有，当然也少不了洞穴。

🔍 伯利兹蓝洞

闻名遐迩的潜水胜地伯利兹蓝洞就是其中之一。追溯蓝洞形成的原因，大约是在两百万年前的冰河时代，由于冰川大量产生，使得海平面大幅下降，受到海水的腐蚀，许多石灰地质的岩石出现了岩溶空洞，奇异得像一个塌陷的竖井。当冰川融化后，海平面重新上升，海水倒灌到竖井里，于是竖井的井口就呈现出了深邃的蓝色，便有了蓝洞奇观。

塞班岛蓝洞

去过塞班岛的人都会去参观塞班岛的蓝洞，因为这里除了是潜水胜地外还有同其他蓝洞的不同之处。塞班岛的蓝洞因为石灰岩构造受到海水侵蚀，洞内有三处与外海连接的水道。这三条水道为蓝洞带来了可以穿透水道的光线，蓝色的水面在光线的照耀下，闪烁着耀眼的光泽，既神奇又美丽。

卡普里岛蓝洞

在意大利的卡普里岛也有蓝洞，这个蓝洞的洞口在山崖的下面，被誉为世界七大奇景之一。由于洞口很小，只能划着小船进去。洞内结构特殊，可以照进阳光，阳光一面照耀着蓝色的水面，一面又被水面反射回来，光线交汇，水面呈现亮晶晶的蓝色，似乎到了外太空的神秘世界一样，让人流连忘返。

出现裂缝的大西洋

大西洋是世界第二大洋，也是最年轻的大洋，距今只有一亿年。它的面积是太平洋的一半，目前正在不断扩张，把两岸裂开，或许不久以后它的宽度会赶上第一大洋——太平洋。

大西洋名称的由来

大西洋原名"西方大洋"，来源于古希腊史诗《奥德赛》中那位了解世界上任何海洋深度的大力神阿特拉斯。传说这位大力神就住在大西洋里。1650年，荷兰地理学家波恩哈德·瓦雷尼正式将"阿特拉斯洋"作为大西洋的名字。明朝后经传教士翻译成汉文，就成了至今一直沿用的"大西洋"一名。

大西洋是一个"瘦长"的海洋

大西洋位于欧洲、非洲与南、北美洲和南极洲之间，自北至南全长约1.6万千

50

米，轮廓略呈"S"形，东西狭窄，最狭窄的赤道区域仅有2400多千米的距离，因此可以说大西洋的整体形状是瘦长的。

🔍 大西洋航运极其发达

大西洋连接着世界上贸易最繁荣的美国和西欧地区，航运极其发达。大西洋两岸海港密布，全世界海洋货物周转量的2/3都出自这里。它的海港总数占世界海港总量的3/4，从欧洲到美洲、从欧洲到西亚，最繁忙的几条航线都在大西洋上。

印度洋名字的由来

印度洋是世界第三大洋，位于亚洲、大洋洲、非洲和南极洲之间。在中国的古代，人们就已经有过航海到印度洋的经历。

印度洋名称的由来

印度洋在古代并不叫印度洋，最早在古希腊地理学家希罗多德所著的《历史》一书中被称为"厄立特里亚海"，意思是红海。

明朝的时候郑和曾经七次下西洋，到达的"西洋"不是大西洋，而是现在的印度洋。

印度洋这个名字到了 1 世纪后期才首次被罗马地理学家彭波尼乌斯·梅拉使用。

1497年，葡萄牙航海家达·伽马为了寻找印度而航海至此，他将沿途所经过的洋面统称为印度洋。

*印度洋上的冲浪运动员

1515年，印度洋这一名字出现在中欧地图学家舍纳尔编绘的地图上，他将这片大洋标注为"东方的印度洋"。这里的"东方"是相对于大西洋的西方而言的，并不是真正意义上的东方。

到了1570年的时候，奥尔太利乌斯编绘的世界地图集中，正式将其命名为"印度洋"。此后"印度洋"就成了人们通用的称呼。

热带的洋

之所以说印度洋是热带的洋是因为印度洋的主体位于赤道、热带和亚热带范围内，故此得名。

千里冰原——北冰洋

世界上的事物都是相对的，有热的就有冷的，有热带的印度洋，就有寒冷冰封的北冰洋。北冰洋，是世界上最小、最浅和最冷的大洋，也是七大洋里最小的海洋。

北冰洋名称的由来

"北冰洋"的意思是正对着大熊星座的海洋，这一名字源于希腊语。北冰洋地处地球的最北端，气候严寒，常年被冰层覆盖，是一个冰雪的世界。因此，1845年，伦敦地理学会正式将它命名为北冰洋。

千里冰封的北冰洋

北冰洋是当之无愧的冰的海洋，它大致以北极圈为中心，大部分洋面常年被冰层覆盖，其余海面上则漂浮着冰山和浮冰。最冷的时候，月平均气温可到零下

20℃～零下 40℃，就算在气温最高的 8 月，平均气温也只有零下 8℃。这里有半年是极夜，另外半年又是极昼。

* 北极熊

🔍 北冰洋上的生命

这样的环境里会有生命存在吗？当然有了，否则圣诞老人从哪里来呢？因纽特人比圣诞老人更能适应这里冰雪覆盖的环境，他们世代居住在北极地区，是离极光最近的人。

* 北极狐

* 海豹

这些被外界称为因纽特人的居民是北极地区的土著民族，他们以捕鱼和驯鹿为生，过着一种世外桃源般的生活。

"放牧"——南大洋

南冰洋与北冰洋分处地球的两极，气候却并不完全相似。南冰洋又叫南大洋，是世界上唯一一个没有被大陆分割开的大洋。

南大洋的重要地位

南大洋是环绕南极大陆，北边无陆界的独特水域，对全球气候有举足轻重的作用。南大洋的海流是巨大的南极绕极流，宽阔、深厚而强劲，其深厚可达从海面到海底的整个水层，堪称世界海洋中最强

de hǎi liú
的海流。

lìng wài nán jí lù jià shuǐ shì yì zhǒng zhì mì de lěng shuǐ gāo mì dù de lěng shuǐ chéng shàn zi miàn zhuàng zhǎn kāi xiàng běi liú rù
另外南极陆架水是一种致密的冷水，高密度的冷水呈扇子面状展开向北流入

sān dà yáng de yáng pén yǐng xiǎng miàn kě chù jí dà xī yáng de běi wěi hé tài píng yáng de běi wěi duì gè dà yáng
三大洋的洋盆，影响面可触及大西洋的北纬40°和太平洋的北纬50°，对各大洋

de zǒng rè liàng qǐ zhe zhì guān zhòng yào de zuò yòng
的总热量起着至关重要的作用。

南大洋的美景

nán dà yáng zhōng nián kù hán yǒu xǔ duō zào xíng gè yì de bīng shān hái yǒu lìng rén tàn wéi guān zhǐ de dà bīng chuān gāo
南大洋终年酷寒，有许多造型各异的冰山，还有令人叹为观止的大冰川。高

sǒng rù yún de bīng chuān fèng xì lǐ tòu chū lán sè de tiān kōng nà zhǒng qíng jǐng lìng rén zhèn hàn bái máng máng de bīng yuán shàng tài
耸入云的冰川缝隙里透出蓝色的天空，那种情景令人震撼。白茫茫的冰原上，太

yángguāng bèi fǎn shè chū qù　yǔ zhōu wéi de bīng shān jiāo xiāng huī yìng　shí fēn zhuàngguān　ǒu ěr hái huì chū xiàn jǐ zhī qǐ é hé

阳光被反射出去，与周围的冰山交相辉映，十分壮观。偶尔还会出现几只企鹅和

hǎi bào　　yí dòng yí jìng yǔ bái mángmáng de bīngyuánxiāng yìng chéng qù

海豹，一动一静与白茫茫的冰原相映成趣。

🔍 鲸的世界

nán dà yángshēng wù zī yuán fēng fù　yóu qí shèngchǎn lín xiā　lín xiā shì xū jīng de zhǔ yào shí wù　yīn cǐ nán dà yáng

南大洋生物资源丰富，尤其盛产磷虾。磷虾是须鲸的主要食物，因此南大洋

yě shì xū jīng de jù jí dì　cǐ wài　shēng huó zài nán dà yáng de jīng lèi hái yǒu lán jīng　cháng xū jīng　hēi bǎn xū jīng　jù

也是须鲸的聚集地。此外，生活在南大洋的鲸类还有蓝鲸、长须鲸、黑板须鲸、巨

* 磷虾

58

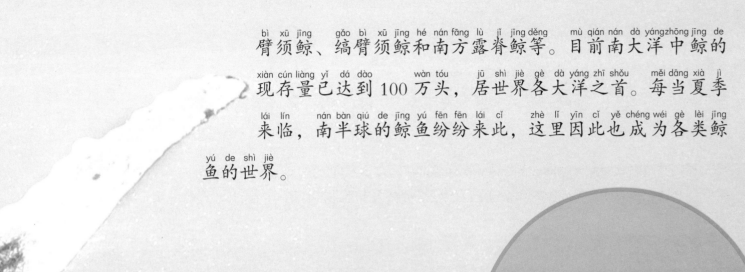

臂须鲸、缟臂须鲸和南方露脊鲸等。目前南大洋中鲸的现存量已达到 100 万头，居世界各大洋之首。每当夏季来临，南半球的鲸鱼纷纷来此，这里因此也成为各类鲸鱼的世界。

海上咽喉——直布罗陀海峡

　　直布罗陀海峡就像一道海上的咽喉，贯通着地中海与大西洋的海域。每天千百艘船忙碌于此，西欧的海上运输都要通过它来完成。直布罗陀海峡位于西班牙最南部和非洲西北部之间，全长58千米，最窄处只有13千米。

名称的由来

　　711年，摩尔人首领塔里克·伊本·扎伊德以少胜多战胜了西班牙人后，在登陆处修建了一座以自己的名字"直布尔·塔里克"命名的城堡。在阿拉伯语中"直布尔·塔里克"意为"塔里克山"，英文译名为"直布罗陀"，海峡就因东北侧的这座直布罗陀城堡而得名。

西方的"生命线"

轮船从大西洋驶往地中海，经过直布罗陀海峡时，永远是顺水航行，这是因为直布罗陀海峡表层的海水始终是从西向东流。同样，潜水艇从地中海海底进入大西洋也是顺水。这一特点很利于航行。21世纪初，直布罗陀海峡已成为西欧、北欧各国通往印度洋、太平洋的捷径。作为沟通地中海和大西洋的唯一通道，直布罗陀海峡被誉为西方的"生命线"。

重要的战略要道

由于直布罗陀海峡的重要地理位置，使得这里历来就是军事重地。西班牙罗塔海军基地建在这里，而且这里还是美国地中海舰队的根据地。俄罗斯黑海舰队出入大西洋也必须经过这里。

香料之路——马六甲海峡

位于马来半岛与苏门答腊岛之间的马六甲海峡，是连接太平洋与印度洋的重要通道。全长1185千米，十分狭长，因经常运送香料而成为著名的"香料之路"。

名称的由来

在马来半岛南岸有一个小渔村，从15世纪中期开始兴起，成为马六甲城。到16世纪初，马六甲城已颇有盛名，不亚于当时的地中海名城亚历山大和水城威尼斯。马六甲海峡就是因马六甲古城而得名的。

海上丝绸之路

4世纪时，阿拉伯人从印度洋经过马六甲海峡到中国和印度尼西亚，把中国的丝绸、瓷器和印度尼西亚马鲁古群岛的香料运送到欧洲国家。7~15世纪，马六甲海峡成为中国、印度和阿拉伯国家海洋贸易的重要通道。

1869年，苏伊士运河贯通后，马六甲海峡的航运急剧增加，每年有多达10万艘轮船经过这里，马六甲海峡成为世界上又一个繁忙的海峡。

★海峡上飞翔的白头鹰

1000年后的马六甲海峡

马六甲海峡非常狭窄，地质平坦，多为泥沙质，有很多沙滩和沙洲，水深低于23米的就有37处。由于海峡水流很缓慢，又少有风浪，所以泥沙不容易被水流带走，都沉积在了水中，每年淤积的泥沙都会将海岸线向海内推进60～500米。按照这样的速度推算，再过1000年，这条海峡很可能会被泥沙变为陆地，到那时马六甲海峡将不复存在。

太平洋海底有什么

太平洋是地球上最大的海洋，表面平静的海水下暗藏着高山、沟壑、丘陵和平原。神奇的海底世界究竟是怎样的，是否和陆地上一样呢？在2000多万年以前，地球上已经形成了高山、森林，可以说陆地上有的海洋里都有。

海底高山

在太平洋底有一条著名的马里亚纳海沟，总长度达10000多米，好像一条巨大的分界线将太平洋底分成了东西两半。此外，太平洋底还有很多海底山。在马里亚纳海沟以西就有许多零散的海底山。虽然零星但是并不小，有些被海水掩盖，深藏于海下，有些高耸出海面成为岛屿。著名的旅游胜地夏威夷群岛中有些岛屿就是海底山的山峰，这些山峰的高度最高达9270

米，比珠穆朗玛峰还高。

海底盆地

除此之外，在大洋中脊与大陆边缘之间还存在着许多盆地，这些盆地大约占海洋总面积的45%。这些盆地又被海岭分割成若干轴状洼地，水深在4000～5000米的叫作海盆；长条状，比较宽的海底洼地叫海槽。此外，在海盆底部还有深海平原和深海丘陵。

最深之地

太平洋是世界上最大的海洋，平均深度为 3939.5 米。在这样一片广阔的深海里，哪里才是它的最深处呢？

太平洋的最深处并不在海中央，而是在海两侧的大陆架中。海沟和岛弧都处在大陆架上，这里是地球表面起伏最剧烈的地带，地形高度可以相差到 15000 米。岛弧外侧的海沟超过 10000 米的就有 4 个。

形形色色的 海洋生物

藻 类

🔍 水华与赤潮

zǎo lèi fán zhí guò liàng jiù huì yǐn fā shuǐ huá
藻类繁殖过量就会引发水华

hé chì cháo　　èr zhě duì yú yè jūn yǒu yán zhòng
和赤潮，二者对渔业均有严重

de wēi hài　　shuǐ huá yóu lán zǎo　　lù zǎo děng yǐn
的危害。水华由蓝藻、绿藻等引

qǐ　　zài dàn shuǐ zhōng fā shēng　　shuǐ tǐ fù yíng yǎng
起，在淡水中发生，水体富营养

huà shì yǐn fā shuǐ huá de zhǔ yào yuán yīn　　chì cháo
化是引发水华的主要原因。赤潮

yóu chì cháo zǎo yǐn qǐ　　zài hǎi yáng zhōng fā shēng
由赤潮藻引起，在海洋中发生。

chì cháo fā shēng shí hǎi shuǐ yě yǒu kě néng bú shì hóng
赤潮发生时海水也有可能不是红

sè de　　tā zhǐ shì yí gè cóng lì shǐ shàng yán yòng xià lái de míng zi
色的，它只是一个从历史上沿用下来的名字。

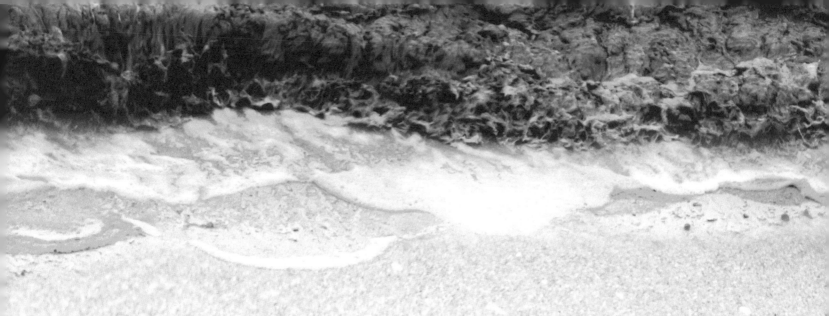

漂浮的气囊

与陆地上的植物相同，巨藻的生长也离不开阳光，也要靠光合作用来获取能量。巨藻的叶片基部长有充气漂浮的气囊，这些气囊犹如一个个吹足了气的小气球，它们能使叶子向上漂浮，进而吸收到更多的阳光。

硅藻

硅藻是一种单细胞藻类，细胞壁由上壳和下壳组成，下壳比上壳稍微小一些。硅藻的分裂方式非常特别：它的一个子细胞得到上壳，另一个得到下壳。新的子细胞只合成下壳，因此与母细胞相比，一个大小一致，一个稍微小一点。

绿藻：海白菜、浒苔

绿藻约有6700种，其中海产种类约670种。海产种类全都固着生活在水下10米以上的岩石上。人们可将其中的石莼、海白菜当作蔬菜，用浒苔制成美味的糕点，但浒苔暴发时会造成严重的"绿潮"灾难。

紫菜

紫菜属于红藻门中的紫菜属，紫菜中呈现紫色的占大多数，因此而得名。紫菜味道鲜美，被大量养殖于我国的沿海地区。中国的紫菜之乡——福建霞浦县，早在元朝时期就开始进行紫菜的养殖了。

褐藻
hè zǎo

褐藻呈褐色或橄榄绿色，可以在深水中进行光合作用，这是因为它们含有褐色的岩藻黄质和叶绿素。很多褐藻植物，像海带和墨角藻等，表面比较光滑，质地比较坚硬，可以在缺水的环境中生存很长时间。有些海带和墨角藻具有气囊构造，可以使叶子较近地接触到水面。藻类是海洋生态系统不可缺少的成员。

藻类繁殖

褐藻纲墨角藻目的植物均为有性繁殖。它们的生殖器官包含在气囊里的生殖窠中，位于叶片底部的生殖托部位。在生殖窠中生成雄性或雌性的繁殖细胞后，会释放到水中，形成受精卵，再由受精卵附着在岩石上长成新的海藻。而无性繁殖的海藻，比如螺旋藻，它们会在同一个生殖窠内同时生成雄性和雌性两种繁殖细胞。

褐藻知多少

褐藻属于褐藻门，约有1500种，是比较高级的藻类。褐藻主要分布在靠近大陆的冷水中，淡水中几乎没有。绿色素（叶绿素）与褐色素（墨角藻黄素）的比例决定了褐藻的颜色从橄榄绿到暗褐色不定。叶状体的光合部分受气囊的影响，总是靠近或漂浮在海水表面。

海带

海带属于褐藻纲海带科，通体呈深褐色，形似长带，一般长2~5米，宽0.2~0.3米。由于海带营养非常丰富，所以深受人们的喜爱，被称为"海上庄稼"。海带中还含有大量的碘，能够用来治疗因碘缺乏而引发的一系列疾病。

鹿角藻

鹿角藻与雄鹿的鹿角非常相似，呈褐色，大多在浪花冲击的岩石上固着生长，可供食用。鹿角藻主要生活在印度洋、大西洋、太平洋和红海。

红树植物

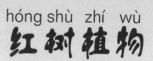

红树植物是一类生长在热带海洋潮间带的木本植物，例如秋茄树、红茄苳、海莲、红树等。随着涨潮和退潮，海水会周期性地浸淹红树植物。

呼吸根

许多红树植物都长有各种形式的呼吸根，这些根伸出泥土表面，呈蛇状、匍匐状、指状等。呼吸根内有像海绵一样的通气组织，外部有粗大的孔，可以有效地帮助红树植物解决土壤通气差、海水淹浸等问题。呼吸根纵横交错，退潮时，在1平方米之内最多可达500条。红树根形成的水域往往是鱼的庇护所。

"胎生现象"

"胎生现象"是红树植物最突出的特征，它们可以像人类生小宝宝一样，把红树幼苗直接"生"下来。红树植物的果实成熟后不会离开母树，种子会在母树上萌发，渐渐长成纺锤状或棒状的胚轴（幼苗）。胚轴离开母树后，并不会被海水冲走，而是利用重力作用深深地扎入海滩的淤泥之中，几小时后就能长出新根，固定下来。

红茄苳

红茄苳属于红树植物，生长于海湾两岸的盐滩上，产地为我国台湾的高雄港。树皮呈褐色，叶阔为椭圆形，果实为长卵形，味道甜美，可以食用。红茄苳

木质坚硬，有较强的耐腐蚀性，可作为建筑材料。

秋茄树

秋茄树多生长于浅海和河流出口淤泥冲积深厚的泥滩上，属于小乔木或灌木，一般高2~3米。树皮呈红褐色，表面平整光滑，树枝上有膨大的节。秋茄树有较强的耐淹性，在涨潮时就算被海水淹没过半或是全部淹没也没有关系。

海绵动物

hǎi miándòng wù

人们将一类多孔滤食性生物体统称为海绵动物。海绵动物起源于寒武纪，其中已被确认源于白垩纪的有390属。海绵动物约有5000个物种，分790属80科，分布在世界各地。海绵动物是身体结构简单的海洋生命。海绵动物有多种形态，体型差异也较大，有的长2米，有的却极其微小，经常在其固着的物体上形成一层很薄的覆盖层。它们的颜色源自类胡萝卜素，有的鲜艳多彩，有的色调单一。

寄居蟹海绵

寄居蟹海绵非常奇特，它的幼体粘在有寄居蟹的贝壳上，同时不断向外伸展，直至将整个贝壳包住。寄居蟹海绵在寄居蟹壳上，被寄居蟹带着旅行，而海绵身上难闻的气味会让别的动物离它们远远的。可以说，寄居蟹海绵和寄居蟹组合在一起，对彼此都有好处。

＊寄居蟹

动物还是植物

海绵动物的颜色丰富多彩，有乳白、鲜绿、大红、银灰等。在18世纪以前，海绵一直被当作是植物。到了18世纪，人们才把海绵归入动物的行列。

再生能力

　　海绵动物的再生能力是非常惊人的，就算把它们撕成非常小的碎片，它们也不会死去。相反，每一片碎片都可以继续生存，渐渐长大。人们常利用这一特性对海绵进行人工繁殖：将海绵切割成小块，系在石架上，投到海底，两三年就可以收获。

多孔动物

　　海绵动物身上长了不计其数的小孔，从这些小孔中流进流出的水可以给它们带来食物，而食物残渣等不被消化的东西也会随水流出体外，所以海绵动物又被称为多孔动物。

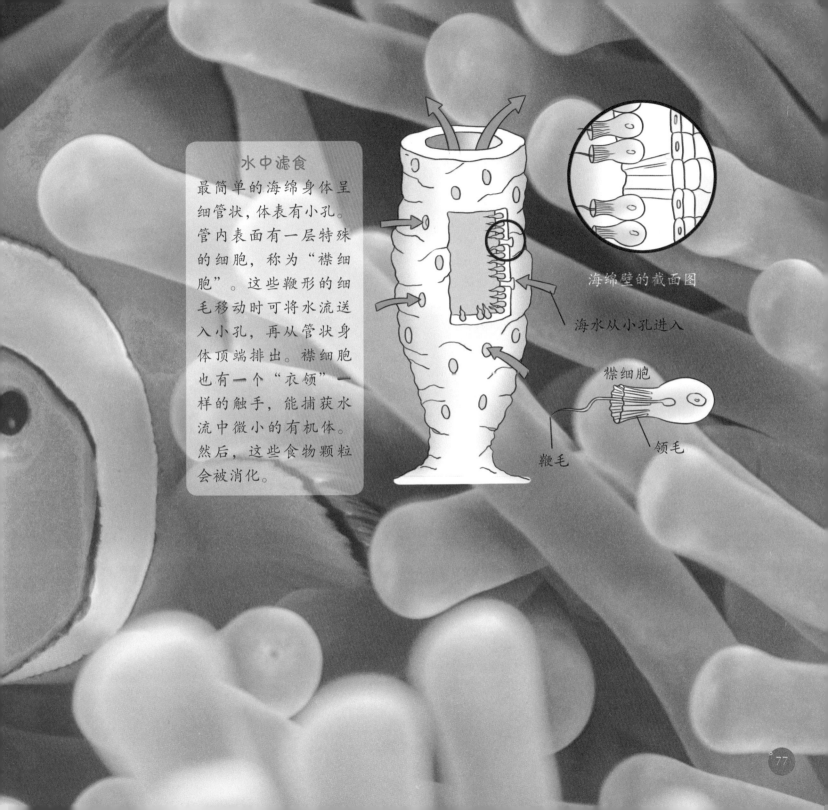

水中滤食

最简单的海绵身体呈细管状，体表有小孔。管内表面有一层特殊的细胞，称为"襟细胞"。这些鞭形的细毛移动时可将水流送入小孔，再从管状身体顶端排出。襟细胞也有一个"衣领"一样的触手，能捕获水流中微小的有机体。然后，这些食物颗粒会被消化。

海绵壁的截面图

海水从小孔进入

襟细胞

领毛

鞭毛

腔肠动物
qiāngchángdòng wù

腔肠动物包括许多稀少、新奇又令人喜爱的动物，有似水中仙子一般的水母、五光十色的珊瑚、美如鲜花的海葵等。它们靠体腔进行消化和营养循环，有口无肛门。

水母

水母隶属刺胞动物门钵水母纲，是一种漂亮的水生浮游生物。在水中呈现透明状态，外形如一把透明伞，伞状体的直径大小各异，边缘的触手呈须状，有的触手有20~30米长。水母由两胚层组成，厚厚的中胶层位于两胚层之间，既透明又有漂浮作用。它们通过体内喷水反射进行移动。有些水母的伞状体带有多彩花纹，游动在大海

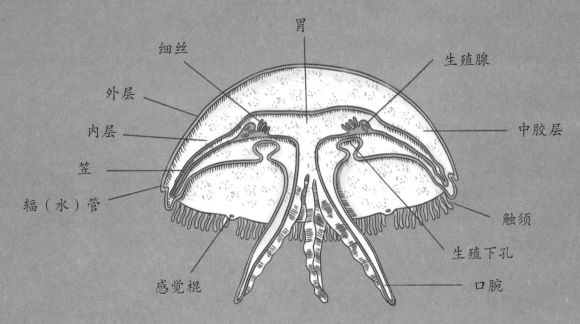

胃

细丝

生殖腺

外层

内层

中胶层

笠

辐（水）管

触须

生殖下孔

感觉棍

口腔

※水母内部解剖图

lǐ　shà shì měi lì
里，煞是美丽。

太平洋黄金水母

tài píng yáng huáng jīn shuǐ mǔ dà duō shēng huó zài dōng tài píng yáng　yán sè jīn huáng　lüè dài hóng sè　qí qū tǐ zhí jìng zài
太平洋黄金水母大多生活在东太平洋，颜色金黄，略带红色，其躯体直径在
lí mǐ　chù shǒu yǒu　tiáo　chéng lì sè　jiǎ qiào lèi dòng wù　xiǎo yú hé qí tā shuǐ mǔ yǐ jí fú yóu shēng wù
50~100 厘米，触手有 24 条，呈栗色。甲壳类动物、小鱼和其他水母以及浮游生物
dōu shì tā men de shí wù
都是它们的食物。

海月水母

jiù xiàng tā de míng zi yí yàng　hǎi yuè shuǐ mǔ rú tóng luò jìn hǎi zhōng de míng liàng de yuè liang　qí sǎn duān xíng zhuàng sì yuán
就像它的名字一样，海月水母如同落进海中的明亮的月亮。其伞端形状似圆
pán　wú sè tòu míng　dǐng bù yǒu　gè mǎ tí zhuàng de shēng zhí xiàn　yán sè wéi fěn hóng sè
盘，无色透明，顶部有 4 个马蹄状的生殖腺，颜色为粉红色。

浮游生物

生活在海水中，体型非常微小的动物和植物，总称为浮游生物。浮游生物大多长度不超过1毫米，但是却有着非常重要的生态意义。许多鱼类、鲸及鸟类都以浮游生物为主要食物，假如没有浮游生物，这些动物也许将无法存活。由于体型微小、体力微弱，它们不能逆水流而行，只能漂浮在水面上。

大众的食物

海豹、海鸟和海龟都是以贝壳类动物和鱼类为食，而浮游生物又是这些动物的重要食物。假如海洋里没有浮游生物，这些动物恐怕就会饿肚子了。

在夜晚，桡足动物会浮到水面附近来猎取食物。在白天，它们会沉到深水里，从而躲避饥饿的鸟和鱼。

喜爱阳光

和所有植物一样，浮游植物也是依靠太阳光获取养分。按纬度的不同，海洋浮游植物大体分为热带种、温带种、寒带种3类。在数量和种类上，它们都有很大不同。热带浮游植物种类多，但每种的数量少；寒带浮游植物恰恰相反，种

类少而每种的数量多；温带

浮游植物介于它们之间。温度

差异是产生上述现象的主要

原因。

桡足类动物不能逆着洋流的方向游动，但是它们可以把触角当作桨游来游去。

这只弯曲的触角上布满了精细的感官绒毛，这些绒毛可以帮助桡足动物寻找食物。

浮游动物的体积比它们所食用的微型植物的体积大 100 倍。

在夜晚，桡足动物会浮到水面附近来猎取食物。在白天，它们会沉到深水里，从而躲避饥饿的鸟和鱼。

浮游植物与浮游动物的生活区域

浮游植物通常在靠近海面、日照

充足的地方生活。冰凉的水比较受它

们的喜爱，因为这些水中含有大量的矿物质。浮游动物的食物为浮游植物，所以

它们生活在相同的地方。

浮游生物的多种价值

浮游生物作为上层植食性鱼类（如鲱鱼、鲐鱼、鲚鱼等）和所有幼鱼的食物

基础，是非常重要的经济水产物。可以利用浮游生物的分布和鱼类数量来寻找渔

场和摄食洄游路线，对水产捕捞业具有积极意义。浮游生物是幼鱼、虾、贝的天

然食物，所以人工培养浮游生物对养殖业也有很大帮助。

hǎi　　kuí
海 葵

海葵没有大脑基础，构造十分简单，是无脊椎捕食性动物，多见于各地海滨，有红海葵、绿海葵等。科学家们最新研究认为，海葵属于植物和动物的混合种。它没有骨骼，附着在海底的珊瑚、岩石等固定物上，能缓慢爬行。海葵的触手上布满了含有毒素的刺细胞，如果被其他动物碰到，它就会发射毒素。有研究称，海葵完成毒素发射仅需 0.02 秒。

🔍 生活习性

hǎi kuí dà duō shēng huó zài qiǎn hǎi hé yán àn de shí fèng huò shuǐ wā zhōng　zhǐ yǒu yì xiǎo bù fen qī xī zài hǎi yáng shēn chù　zuì
海葵大多生活在浅海和岩岸的石缝或水洼中，只有一小部分栖息在海洋深处，最

shēn kě zài　　mǐ chù qī xī　shì chāo shēn yuān dǐ qī dòng wù de zhòng yào zǔ chéng bù fen　zài rè dài hǎi qū jīng cháng kě yǐ kàn
深可在10210米处栖息，是超深渊底栖动物的重要组成部分。在热带海区经常可以看

dào jù xíng de chāo shēn yuān dǐ qī dòng wù　rú zhǐ shēng huó zài shān hú jiāo shàng de dà hǎi kuí　qí kǒu pán zhí jìng kě dá　mǐ
到巨型的超深渊底栖动物，如只生活在珊瑚礁上的大海葵，其口盘直径可达1米。

海葵没有外骨骼，属于单体两胚层动物，颜色、体形和形态各不相同。桶状躯干，呈辐射状且对称，上部有一个开口，触手位于开口一旁。触手既可以抓牢食物，又具有自我保护作用。触手上长有无数非常小的倒刺。一般海葵身长2.5~10厘米，也有一些身长可达1.8米。

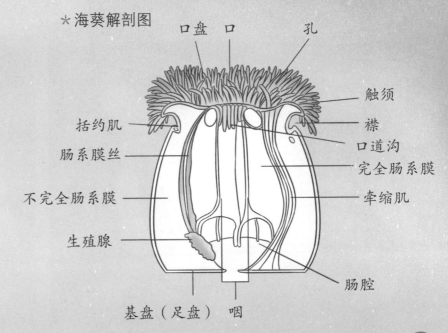

*海葵解剖图

口盘　口　　孔

触须

括约肌　　　　　　　　　　　　襟

肠系膜丝　　　　　　　　　　　口道沟

不完全肠系膜　　　　　　　　　完全肠系膜

　　　　　　　　　　　　　　　牵缩肌

生殖腺

　　　　　　　　　　　　　　　肠腔

基盘（足盘）　咽

海葵虽然外形酷似植物，实则属于动物。暖海中海葵的体型较大，形状似圆柱。海葵的单体状如圆柱，在圆柱的开口处和封闭处分别是口盘和基盘。口盘的中间是口，口的四周有向外伸展的触手。这种触手既柔软又漂亮，呈花瓣状，就像生机盎然的向日葵，海葵之名即由此而来。

公主海葵

公主海葵的躯体有多种颜色，非常鲜艳，可以称得上五光十色。表面平整光滑或有像气泡一样的突起，触手多呈黄绿色或黄色。当遇到危险时，触手就会卷起，像树丛一样。有的独居，有的则一大群集体生活。它们可以与小丑鱼、清洁虾及三点白和谐地生活在一起。

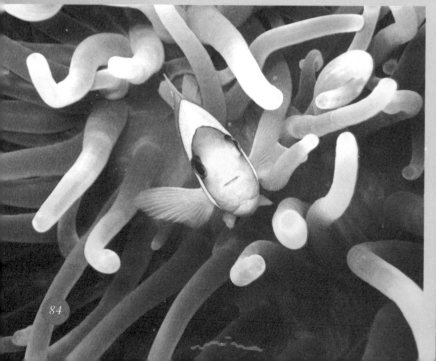

珊瑚

shān hú

珊瑚是珊瑚虫分泌出的外壳。珊瑚虫属于海生腔肠动物，形状似圆筒，海洋里微小的浮游生物是它们的食物。它们在生长过程中可以吸收海水中的二氧化碳和钙，而后产出可作为自己生存外壳的石灰石。在中国，珊瑚象征着吉祥富贵，许多名贵的工艺品都是以珊瑚为原料制成的。珊瑚还是珍贵的中药材，具有明目活血、美容养颜之功效。珊瑚群集于火山口可形成海上陆地——珊瑚岛。

多种价值

在古罗马，人们认为珊瑚有多种功效：驱热、止血、给人智慧、避祸等。它与佛教还有密切的关系，常被作为吉祥物来祭佛。人们还常用珊瑚装饰神像，或做成佛珠。作为珍贵的首饰宝石品种，珊瑚深受人们的珍爱。

栖息环境

温度超过20℃的赤道及赤道周围的热带、亚热带地区是珊瑚的主要分布区。地中海是珊瑚的主要产地。它们喜欢明澈而平静的海水，经常在水深100~200米的平台、岩礁、

yá miàn hé xié pō jí āo xià de fèng xì zhōng qī xī
崖面和斜坡及凹下的缝隙中栖息。

海中的骨骼

shān hú jiān yìng de bái è zhì gǔ gé kě yǐ sù zào hěn duō zhǒng zào xíng　zhòng duō shēng huó zài yì qǐ de shān hú shuǐ xī
珊瑚坚硬的白垩质骨骼可以塑造很多种造型。众多生活在一起的珊瑚水螅，

zǔ hé xíng shì gè yì　sù zào chū gè shì gè yàng de xíng zhuàng　yǒu de shān hú gǔ gé píng pū zhe　xiàng zhé qǐ lái de zhǐ　hái
组合形式各异，塑造出各式各样的形状。有的珊瑚骨骼平铺着，像折起来的纸，还

yǒu xiē sì miàn bāo de pí　　yǒu de shān hú gǔ gé shù lì zhe　　yóu rú yè piàn de mài luò
有些似面包的皮；有的珊瑚骨骼竖立着，犹如叶片的脉络。

红珊瑚

hóngshān hú de qū tǐ wéi huǒ hóng huò shēnhóng sè　　bìng yīn cǐ ér wén míng　　hóngshān hú xíng sì wú yè de xiǎo guàn mù　　chéng
红珊瑚的躯体为火红或深红色，并因此而闻名。红珊瑚形似无叶的小灌木，呈

shù zhī zhuàng　　yuē 　 mǐ gāo　　shì wǒ guó guó jiā yī jí bǎo hù dòng wù
树枝状，约1米高，是我国国家一级保护动物。

贝 类

双壳纲贝类包括牡蛎、蚌类和贻贝。它们大部分在海水中生活，也有一部分生活在海滩上，还有超过15%的种类在淡水中生活。

 外壳

双壳纲贝类的壳由钙化矿物质构成，这种钙化物质嵌入了有机胶状组织。为防止两片壳散开，交合齿和有弹性的韧带把它们连接了起来。一对闭壳肌连接两片贝壳，收缩闭壳肌时贝壳关闭。贝壳的大小、形状各不相同，很多贝壳既硬又厚，能防止其他动物的侵扰。有的长有棘刺，能够紧紧抓住沙粒，还有的因为吸收食物，颜色变得明亮。

🔍 内部结构

jiān yìng de wài ké bǎo hù zhe shuāng ké gāng bèi
坚硬的外壳保护着双壳纲贝

lèi róu ruǎn de shēn tǐ   liǎng piàn wài ké lǐ miàn yǒu yí
类柔软的身体。两片外壳里面有一

gè wài tào mó   tā shì yì céng hěn báo de zǔ zhī
个外套膜，它是一层很薄的组织。

wài tào mó hán yǒu yì zhǒng xì bāo   gāi xì bāo fēn mì
外套膜含有一种细胞，该细胞分泌

de kuàng wù zhì kě yǐ xíng chéng wài ké   hū xī qì
的矿物质可以形成外壳。呼吸器

guān   xún huán qì guān hé shè shí qì guān bāo hán zài wài
官、循环器官和摄食器官包含在外

tào mó lǐ miàn de qiāng shì zhōng   bèi ké dǎ kāi de shí
套膜里面的腔室中。贝壳打开的时

hou   ròu zú jiù huì shēn chū lái wā xué huò shì huǎn màn
候，肉足就会伸出来挖穴或是缓慢

yí dòng   shuāng ké dòng wù quē shǎo tóu bù   yì bān zhǐ yǒu hěn shǎo de gǎn jué qì guān shēng zhǎng zài wài tào mó biān yuán
移动。双壳动物缺少头部，一般只有很少的感觉器官生长在外套膜边缘。

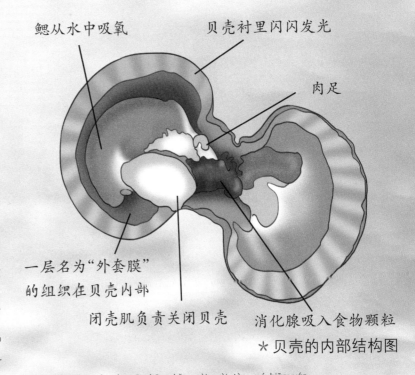

鳃从水中吸氧　　贝壳衬里闪闪发光

肉足

一层名为"外套膜"
的组织在贝壳内部

闭壳肌负责关闭贝壳　　消化腺吸入食物颗粒

＊贝壳的内部结构图

🔍 水底的生命

shuāng ké gāng bèi lèi dà duō qī xī zài hǎi dǐ ní shā de dòng xué zhōng hé hǎi chuáng shàng   yě yǒu de gù zhuó zài yán shí shàng
双壳纲贝类大多栖息在海底泥沙的洞穴中和海床上，也有的固着在岩石上

shēng huó   wèi le gèng hǎo de fáng yù dí rén de qīn rǎo   zài dòng xué lǐ jū zhù de bèi lèi kào shōu suō ròu zú bǎ zì jǐ lā jìn hǎi
生活。为了更好地防御敌人的侵扰，在洞穴里居住的贝类靠收缩肉足把自己拉进海

dǐ de ní shā zhōng   tóng shí kào yí duì hóng xī guǎn hū xī hé shè shí   bèi lèi de hóng xī guǎn yì gēn fù zé jìn shí wù kē lì hé
底的泥沙中，同时靠一对虹吸管呼吸和摄食。贝类的虹吸管一根负责进食物颗粒和

shuǐ   lìng yì gēn zé fù zé pái shuǐ   yǒu de xué jū bèi lèi de hóng xī guǎn yǒu   mǐ cháng
水，另一根则负责排水。有的穴居贝类的虹吸管有1米长。

hǎi tù

海兔

海兔属于腹足类软体动物，有触角、眼和发达的头部，有起吸盘作用的足生长在腹面，可以牢牢地黏附在岩石上。

🔍 外形特征

hǎi tù qí shí bú shì tù　　zhǐ yīn qí tóu shàng tū chū de chù jiǎo xiàng tù ěr ér dé míng　　yǒu de shēn tǐ guāng huá　　yǒu
海兔其实不是兔，只因其头上突出的触角像兔耳而得名。有的身体光滑，有

de zé yǒu hěn duō tū qǐ　　liǎng duì chù jiǎo yǒu zhe míng què de fēn gōng　　qián miàn de guǎn chù jué　　hòu miàn de guǎn xiù jué　　dāng hǎi
的则有很多突起。两对触角有着明确的分工，前面的管触觉，后面的管嗅觉。当海

tù pá xíng shí　　hòu miàn de liǎng zhī chù jiǎo fēn kāi　　xíng sì　　bā　 zì　　xiū xi shí zhè liǎng zhī chù jiǎo mǎ shàng bìng lǒng　　xiàng
兔爬行时，后面的两只触角分开，形似"八"字；休息时这两只触角马上并拢，向

shàng shù qǐ　　yóu rú tù zi de yí duì cháng ěr duo　　dāng tā jìng zhǐ shí　　zé xiàng yì zhī shù zhe liǎng zhī ěr duo dūn zài dì shàng
上竖起，犹如兔子的一对长耳朵。当它静止时，则像一只竖着两只耳朵蹲在地上

de xiǎo tù zi　　suǒ yǐ zuì zǎo luó mǎ rén chēng tā men wéi hǎi tù
的小兔子，所以最早罗马人称它们为海兔。

分布范围

海兔有3000余种，遍布世界海域，包括南极洲和热带海域，在中国沿海特别是东南沿海也有分布。

生活习性

海兔喜欢生活在海水洁净、水流通畅、多海藻的环境中，食物是各种海藻。它的避敌方法非常特别，就是通过吃海藻来改变自身的颜色。如经常吃墨角藻的海兔身体就会变成棕绿色。一些海兔身体表面还长有树枝状和绒毛状的突起，这就使它的外形和生活环境中的海藻更加相似，从而为它规避风险。

御敌方法

海兔的体内有可以分别分泌紫色液体和毒素的两种腺体。紫色液体就像烟雾弹，毒素则可以麻痹敌人的神经，从而使其丧失攻击力。借助含有毒素的紫色烟雾的掩护，海兔可以轻而易举地逃脱。

章鱼
zhāng yú

章鱼和腹足类动物之间的联系非常紧密。它们没有外壳来保护自己，这是和别的软体动物的不同点。然而，它们长有 8 条腕足，这 8 条腕足可以把它们的身体挤进狭窄细小的石洞或石头缝隙中。当它们把自己隐藏好后，海豹、鲨鱼、鳗鱼或是人类想要发现并捉住它们就很困难了。

触腕和吸盘

章鱼长有 8 条柔软的触腕，触腕表面有许多吸盘。它们可以用触腕把猎物抓住，然后拖入海底，并利用触腕上的味觉和触觉器官来判断猎物可不可以吃。这些

触腕抓起猎物来非常得心应手。

章鱼的本领

普通章鱼是我们最熟悉的章鱼，中等体型，广泛地分布在世界各地的热带和温带海洋中。它们喜欢隐藏在岩石很多的海底缝隙或洞穴中。它们的含色素细胞非常发达，可以快速地改变身体的颜色，在无脊椎动物中，被认为是智力最高者。

"变色龙"

章鱼属于头足纲，不同种类的头足纲动物颜色各不相同，有紫色、黑色、蓝色、红色、黄色、橘色、绿色等。它们可以马上和环境融为一体，躲避敌害。它们的皮肤四周长有肌肉环，皮肤里面含有色素细胞。色素细胞收缩时肤色会变浅，扩张时肤色则会变深。

栖息环境

章鱼属于温带软体性动物，在水温不低于7℃的水下生活。盐度过低会使章鱼死亡，1.021的海水比重最适合章鱼栖息。

乌　贼
wū　zéi

　　乌贼，本名乌鲗，又名花枝、墨鱼或墨斗鱼，属软体动物门的乌贼目。在遭遇强大的对手时，乌贼会向对方喷射墨汁，伺机逃生。它的皮肤里包含着会根据情绪变化而改变大小和颜色的色素细胞。乌贼有很强的空中飞行能力，能够跳出海面。与章鱼和鱿鱼一样，乌贼也不属于鱼类，而是属于海洋软体动物。

栖息环境

　　乌贼在世界各大洋均有分布，主要栖息在温带和热带沿岸的浅水里，冬天则经常迁移到海洋的较深处。乌贼一般在春季和夏季繁殖，产卵100~300粒。

外形特征

乌贼的身体好似橡皮袋，有一个像船一样的石灰质硬鞘，内部的器官在袋里被包裹着。身体躯干呈椭圆形，肉鳍长在身体的两侧，有4对短腕和1对用来捕食的长触腕。头部与躯干连接，颈部较短，两条腕可以延伸为用来保持身体平衡和游泳的触手。

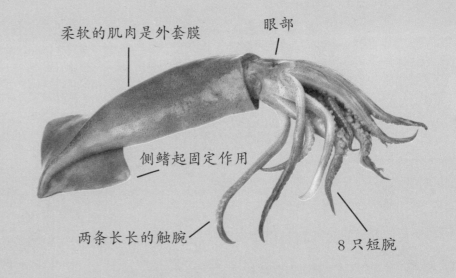

柔软的肌肉是外套膜

眼部

侧鳍起固定作用

两条长长的触腕

8只短腕

结构功能

乌贼的身体分为头、躯干和足三部分，有石灰质的内壳，躯干相当于内脏团。

95

🔍 自卫手段

wū zéi tōng cháng yùn dòng huǎn màn　　zuò bō làng shì yùn dòng　　dàn dāng yù dào wēi xiǎn shí　　zé néng
乌贼通常运动缓慢，做波浪式运动。但当遇到危险时，则能

yòng měi miǎo　　mǐ de sù dù jiāng dí rén shuǎi zài shēn hòu　　yǒu de yí dòng jiào kuài de wū zéi zuì gāo shí
用每秒15米的速度将敌人甩在身后，有的移动较快的乌贼最高时

sù kě dá　　qiān mǐ　　tā táo pǎo kuài　　bǔ shí gèng kuài　　wū zéi shì yí gè biàn sè néng shǒu　　néng
速可达150千米。它逃跑快，捕食更快。乌贼是一个变色能手，能

gòu zài yì liǎng miǎo zhōng nèi gǎi biàn shēn tǐ de yán sè lái shì yìng huán jìng　　duǒ bì wēi xiǎn
够在一两秒钟内改变身体的颜色来适应环境，躲避危险。

墨汁

乌贼肚子中的墨囊里通常都贮存着墨汁，遇到危险时，一股墨汁就会从墨囊中喷出，将附近的海水染得浓黑，而后逃得无影无踪。而且乌贼的墨汁还有毒，能够麻痹敌害。但这一囊墨汁需要花费很长的时间来存储，因此不到非常危险的时刻，它们是不会将墨汁喷出的。

xiā

虾

　　虾属于甲壳类节肢动物，它的身体前面长有两对触角。海洋里有许多种类的虾，有可口的对虾、体型小但数量庞大的磷虾，以及体型巨大的龙虾。

龙虾的生活习性

　　龙虾喜在石隙、树枝丛、水草丛等隐蔽的地方生活。它们不喜欢强光，常昼伏夜出。在通常情况下，它们白天把自己隐藏起来，较少活动，日落后才开始活动，经常聚集在浅水处寻找伴侣或食物。当受惊时，它们就会快速逃到深水里。龙虾大多不喜欢游泳，而喜欢爬行，日常活动时爬行向前，遇到敌人或受到惊吓时

zé huì tán tiào qǐ lái　kuài sù xiàng hòu duǒ bì
则会弹跳起来，快速向后躲避。

好斗的龙虾

lóng xiā tiān shēng xǐ huan dǎ jià　zài zhēng duó qī xī dì huò shí
龙虾天生喜欢打架，在争夺栖息地或食

wù duǎn quē shí　jīng cháng huì chū xiàn qiáng dà zhě qī fù ruò xiǎo zhě de xiàn
物短缺时，经常会出现强大者欺负弱小者的现

xiàng　lóng xiā yòu tǐ jù yǒu hěn qiáng de zài shēng néng lì　zài dì　cì tuì
象。龙虾幼体具有很强的再生能力，在第2次蜕

pí de shí hou　zhī qián sǔn shī de bù fen néng gòu zài shēng zhǎng yì xiē　jīng guò jǐ
皮的时候，之前损失的部分能够再生长一些，经过几

cì tuì pí jiù kě yǐ huī fù　dàn shì xīn shēng de bù fen huì bǐ yuán lái de duǎn xiǎo yì xiē
次蜕皮就可以恢复，但是新生的部分会比原来的短小一些。

用来捕食的螯

复眼

坚硬的外壳
（外骨骼）

短触角

长触角

能快速游
水的尾鳍

节足

龙虾的自切和再生行为是对自己的保护和对环境的适应。

美食——磷虾

磷虾的外貌非常像小十足虾类，它们的食物是微小的浮游生物。而企鹅、鲸及许多鱼类则是以磷虾为主要食物。一头蓝鲸每天可以吃掉400万只磷虾。

磷虾的价值

磷虾是渔业的捕捞对象，也是须鲸及众多经济鱼类的重要食物。南极有着丰富的磷虾资源，被称作"世界未来的食品库"，当前年产量50余万吨。中国产量最大的是黄海的太平洋磷虾。集群性是磷虾的一个明显特征，它们是构成声散射层的主要成员，对研究海洋水声物理学有很大帮助。

xiè
蟹

　　和虾一样，蟹同样属于甲壳类节肢动物，体表有可以保护自己、防御敌害侵袭的硬壳。蟹共有 5 对足，其中 1 对大螯肢用来捕猎食物和防御敌害，其他 4 对用来行走。

寄居蟹与贝壳

　　寄居蟹的腹部十分柔软，这使它们经常受到侵袭。为保护柔软的腹部不遭受攻击，它们会在贝壳里居住。由于身体在不断地长大，所以它们需要不断地寻找更大的贝壳。如果找到了，它们会先用螯小心翼翼地检查贝壳内部是不是空的。合适的贝壳非常难找，寄居蟹们会为了抢夺贝壳而展开大战。

生命周期

　　在幼卵孵化之前，雌蟹都会小心翼翼地保护它。孵化出的海蟹幼虫会随着洋流在水中漂散。慢慢地幼虫会长成大眼幼体，最终在海床上定居。这些幼虫逐

jiàn chéng shú hòu　　　　huì dào hǎi tān huò qiǎn hǎi chù shēng huó
渐成熟后，会到海滩或浅海处生活。

"伪装大师"——钝额曲毛蟹

zài yù dào wēi xiǎn shí　　páng xiè dà duō huì yùn yòng zì jǐ de áo bǎo hù zì jǐ　　ér yǒu xiē páng xiè zé huì xuǎn zé qí tā
在遇到危险时，螃蟹大多会运用自己的螯保护自己，而有些螃蟹则会选择其他
fāng shì táo shēng　　dùn é qǔ máo xiè shēn tǐ biǎo miàn yǒu yì céng hǎi cǎo jí ruò gān hěn xiǎo de hǎi yáng dòng wù　　xiàng hǎi mián　　zhè xiē
方式逃生。钝额曲毛蟹身体表面有一层海草及若干很小的海洋动物，像海绵。这些
shēng wù gōu zài páng xiè de gè gè bù wèi　　jiù xiàng zhuāng shì pǐn yí yàng　　kě yǐ bǎ páng xiè wěi zhuāng qǐ lái
生物钩在螃蟹的各个部位，就像装饰品一样，可以把螃蟹伪装起来。

如果螃蟹的肢断了，还会长出新的肢。

强壮的钳子可以用于打斗，也可以用来撕碎鱼类、甲壳类动物和植物以供食用。

关节

螃蟹通过 5 对鳃呼吸。它们的鳃位于贝壳下面靠近肢体根部的地方。

在它额部中央有两只触角，被称为触须。螃蟹利用触须上微小的绒毛来触碰、闻味和品尝。

这块壳通常被称为背壳。

当螃蟹长得超出它们的壳时，它们会让壳裂开，并从壳中脱离出来，在旧的壳下面有一个崭新的柔软的壳，新的壳需要三天时间才能变硬。

寄居蟹的主要分类

陆寄居蟹科、寄居蟹科和活额寄居蟹科是三大类常见的寄居蟹。栉螯寄居蟹和方腕寄居蟹在中国沿海较为常见。栉螯寄居蟹比方腕寄居蟹体型稍小，方腕寄居蟹寄居的螺体直径最大可超过 15 厘米。

téng hú
藤 壶

　　藤壶是在海边的岩石上附着生长的动物，颜色呈灰白色，具石灰质外壳。因形状似马的牙齿，所以又被称作"马牙"。它们可以非常牢固地附着在礁石和船体上。在每次蜕皮后，藤壶会分泌出藤壶初生胶。这种胶不但黏合力非常强，而且还含有多种生化成分，因此它的吸附能力极强。

🔍 生活习性

téng hú tǐ biǎo de wài ké shí fēn jiān yìng　cháng bèi rèn zuò shì bèi lèi　　shí jì shàng tā shǔ yú jiǎ qiào gāng dòng wù　　zài
藤壶体表的外壳十分坚硬，常被认作是贝类，实际上它属于甲壳纲动物，在

dòng wù xué fēn lèi shàng shǔ yú jiǎ qiào gāng de téng hú kē　　téng hú fēn bù shí fēn guǎng fàn　　zài měi gè hǎi yù de cháo jiān dài dào
动物学分类上属于甲壳纲的藤壶科。藤壶分布十分广泛，在每个海域的潮间带到

cháo xià dài de qiǎn shuǐ chù jī hū dōu yǒu　　tā men de shù liàng fēi cháng duō　　cháng jù jí zài yì qǐ shēng huó　　téng hú chéng xíng hòu
潮下带的浅水处几乎都有。它们的数量非常多，常聚集在一起生活。藤壶成型后

gù zhuó zài wài wù shàng　　shì jié zhī dòng wù zhōng jǐn yǒu de　gù zhuóshēng huó de dòng wù

固着在外物上，是节肢动物中仅有的固着生活的动物。

主要分类

zài hǎi àn cháng jiàn de téng hú tōngcháng yǒu liǎngzhǒng wài xíng　　　yì zhǒng wéi yuán zhuī xíng téng hú　　qí wài ké shì yóu shí huī zhì

在海岸常见的藤壶通常有两种外形：一种为圆锥形藤壶，其外壳是由石灰质

zǔ chéng de　　　wài xíng kàn shàng qù xiàng zuò suō xiǎo de huǒ shān

组成的，外形看上去像座缩小的火山。

lìng yì zhǒng shì é jǐng xíng téng hú　　tā men tōng guò yì

另一种是鹅颈形藤壶，它们通过一

gēn jīng　　fù zhuó zài jiān yìng de wù tǐ shàng　　zhè liǎng zhǒng téng

根茎，附着在坚硬的物体上。这两种藤

hú de kāi kǒng bù jūn yǒu yí gè huó dòng ké gài　　dāng yǒu shuǐ liú

壶的开孔部均有一个活动壳盖，当有水流

jīng kǒng bù shí　　yǔ máo zhuàng chù shǒu huì cóng dǎ kāi de ké gài

经孔部时，羽毛状触手会从打开的壳盖

zhōng shēn chū　　qù shuǐ zhōng lǜ shí fú yóu shēng wù　　dài tuì cháo

中伸出，去水中滤食浮游生物。待退潮

hòu　　ké gài jiù huì láo láo de guān bì

后，壳盖就会牢牢地关闭。

附着物

téng hú de fù zhuó wù bú shì gù dìng de　　tā men kě

藤壶的附着物不是固定的，它们可

néng fù zhuó zài rèn hé yìng wù de biǎo miàn　　rú chuán dǐ　　mǎ

能附着在任何硬物的表面，如船底、码

tóu　　hǎi àn de yán shí děng　　shèn zhì zài páng xiè　　lóng xiā

头、海岸的岩石等，甚至在螃蟹、龙虾、

海龟、鲸鱼的身体表面也常有藤壶附着。

藤壶给人类带来的困扰

对人类来说，藤壶是一种"污损生物"。因为它们每蜕一次皮之后，就会分泌出一种具有很强吸附能力的初生胶。它们的附着给抽取海水进行冷却的工厂和在海洋中行驶的船只都带来了巨大的负担和困扰，全世界每年都要耗费大量资金和人力对其进行清除。同时，人类也在不间断地研发防止藤壶附着的技术和涂料。

海星
hǎi xīng

　　海星的外形就像它的名字一样，好似一个五角星，它由 5 条腕和中央盘组成。海星有着扁平的身体，口长在口面（腹面），肛门长在反口面（背面）。海星的腹部着地，腕上的管足可以使其在海底或潮间带的礁岩之间自由行走。

海星的呼吸器官

pí sāi shì hǎi xīng de hū xī qì guān　cóng gǔ bǎn chù
皮鳃是海星的呼吸器官。从骨板处

shēn chu de xiàng mó yí yàng de tū qǐ jiù shì pí sāi　sāi de
伸出的像膜一样的突起就是皮鳃，鳃的

nèi miàn yǔ tǐ qiāng lián tōng　pí sāi yǒu de hěn jiǎn dān
内面与体腔连通。皮鳃有的很简单，

yǒu de yǒu fēn zhī　pí sāi qū yóu pí sāi dān gè fēn
有的有分支，皮鳃区由皮鳃单个分

sàn huò duō gè jí hé ér chéng　tā kě yǐ zēng jiā
散或多个集合而成。它可以增加

hǎi xīng de hū xī néng lì hé hū xī miàn jī　xiàng
海星的呼吸能力和呼吸面积，像

shuǐ zhōng de yú ér kào sāi hū xī yí yàng
水中的鱼儿靠鳃呼吸一样。

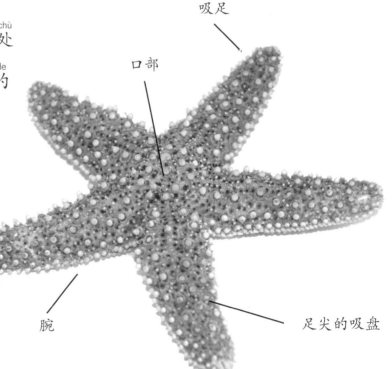

吸足

口部

腕

足尖的吸盘

摄取食物

hǎi xīng de zhǔ yào shí wù wéi ruǎn tǐ dòng wù　shè qǔ shí wù shí　tā men
海星的主要食物为软体动物。摄取食物时，它们

利用管足把贻贝的外壳打开2毫米宽，随后从口里将胃推出，放进贻贝中消化食物。对人类而言，海星是有害动物，它会使牡蛎养殖场遭受非常大的经济损失。

海星的再生能力

海星是一种可以快速再生的动物。假如海星的一只触手被切掉，过一些日子，触手便可以重新长出。有少数海星切掉的触手自身也可以长成一只海星，具有和龙虾、蜥蜴、蚯蚓、蜗牛、水螅纲生物和涡虫等动物相同的特点。

海星无特化的眼睛，它感受光线的主要器官是每一只管足末端的红色眼点。大部分海星不喜欢光亮，为负趋光性，因此多数在夜间比较活跃。虽然海星的身体上没有眼睛，但是有许多化学感受器，可以觉察水里的食物来源，并快速找到食物。在该系统中，海星的每一个辐射腕内部都有一个和位于口部的管道相通的主要管道。

海胆、海参

海胆属于棘皮动物门海胆纲，栖息在海洋的浅水区，是无脊椎动物，多数为雌雄异体。身体呈盘形、心脏形或球形，没有腕。内骨骼构成一个坚实牢固的壳，大多种类口内有一个咀嚼器，咀嚼器上有可以咀嚼食物的齿。消化管盘绕在体内，它们的食物为水螅、蠕虫和藻类。个体发育经历了海胆幼虫至幼海胆的转变，达到性成熟需1~2年时间。

分类情况

海胆，又名海刺猬、刺锅子，状如圆球，呈深色，似一个有刺的仙人球，所以又被称为"龙宫刺猬""海底刺球"。目前，全球存在的海胆大约有900种，中国大约有100种。其中，刻肋海胆、大连紫海胆、马粪海胆、心形海胆等较为常见。

110

生活习性

duō shù hǎi dǎn qī xī yú hǎi yáng dǐ bù   xǐ huan zài hǎi zǎo mào shèng de cháo jiān dài zhī xià de hǎi qū shí fèng zhōng huò jiāo
多数海胆栖息于海洋底部，喜欢在海藻茂盛的潮间带之下的海区石缝中或礁

shí lín jiān qī xī   cǐ wài   tā hái xǐ huan chén jī wù wéi shā ní de qiǎn hǎi qū   tā bái tiān qián fú   yè wǎn chū lái   bì
石林间栖息。此外，它还喜欢沉积物为沙泥的浅海区。它白天潜伏，夜晚出来，避

guāng shì hǎi dǎn de tè shū shēng huó xí xìng
光是海胆的特殊生活习性。

海参

hǎi shēn jù xiàn zài yǐ jīng yǒu   yì duō nián de lì shǐ   cóng hǎi biān dào   mǐ shēn de hǎi yáng jūn yǒu fēn bù   shǔ
海参距现在已经有6亿多年的历史，从海边到8000米深的海洋均有分布，属

yú jí pí dòng wù   quán shēn bù mǎn le ròu cì   zhōng guó nán hǎi yán àn de hǎi shēn zhǒng lèi bǐ jiào duō   dà gài yǒu   zhǒng kě
于棘皮动物，全身布满了肉刺。中国南海沿岸的海参种类比较多，大概有20种可

以食用。海参既是珍贵的食材，又有很高的药用价值。它和鱼翅、燕窝、人参同样著名，为世界八大珍品之一。

海参的变色本领

海参的身体颜色可以随着居住环境的改变而变化。居住在海草、海藻中的海参为绿色，而生活在岩礁周围的海参，则为淡蓝色或棕色。海参这种随环境改变体色的特点，能够有效地使它逃过敌害的侵袭。

jīn qiāng yú

金枪鱼

金枪鱼在世界各个海洋均有分布，非常善于游泳，在大西洋、印度洋、太平洋的分布较为广泛。金枪鱼是一种非常受大众喜爱的海产，具有很高的经济价值。但是由于人类长期无节制地捕捞，金枪鱼的种群数量正在锐减。

不停地游泳

jīn qiāng yú zài yóu yǒng shí huì bǎ zuǐ zhāng kāi　shǐ shuǐ liú jīng sāi bù ér huò qǔ yǎng qì　zuò zhuàng jī shì hū xī　yīn

金枪鱼在游泳时会把嘴张开，使水流经鳃部而获取氧气，做撞击式呼吸。因

ér tā men měi shí měi kè dōu zài bú jiàn duàn de yóu yǒng　jí shǐ zài yè wǎn yě bù néng xiū xi　rú guǒ tíng zhǐ yóu dòng jiù huì zhì

而它们每时每刻都在不间断地游泳，即使在夜晚也不能休息，如果停止游动就会窒

xī ér sǐ suǒ yǐ　tā men shāo wēi jiǎn màn yóu yǒng sù dù jiù suàn shì xiū xi le

息而死。所以，它们稍微减慢游泳速度就算是休息了。

热血动物

yǔ jué dà duō shù lěng xuè de yú lèi bù tóng　jīn qiāng yú shì rè xuè

与绝大多数冷血的鱼类不同，金枪鱼是热血

de　tā de tǐ wēn kě dá　huà shì dù　jiào gāo de tǐ wēn yǐ

的，它的体温可达93~95华氏度。较高的体温以

jí kuài sù de xīn chén dài xiè shǐ jīn qiāng yú chéng wéi fǎn yìng mǐn jié de chāo jí liè shǒu　jīn qiāng yú wéi zá shí xìng yú lèi　páng
及快速的新陈代谢使金枪鱼成为反应敏捷的超级猎手。金枪鱼为杂食性鱼类，螃

xiè wū zéi xiā　mán yú děng hǎi yáng dòng wù dōu kě zuò wéi tā men de shí wù
蟹、乌贼、虾、鳗鱼等海洋动物都可作为它们的食物。

外形特征

jīn qiāng yú de shēn tǐ chéng fǎng chuí zhuàng　tǐ xíng sì yú léi　qí héng duàn miàn lüè yuán　jī ròu qiáng jìng　wěi qí chéng xīn
金枪鱼的身体呈纺锤状，体形似鱼雷，其横断面略圆。肌肉强劲，尾鳍呈新

yuè xíng　lín yǐ jīng tuì huà chéng xiǎo yuán lín　shì hé zài shuǐ zhōng kuài sù yóu dòng　shí sù tōng cháng wéi　　　qiān mǐ　　zuì
月形，鳞已经退化成小圆鳞，适合在水中快速游动，时速通常为30~50千米，最

^{kuài} kě yǐ dá dào měi xiǎo shí ^{qiān mǐ} chāo guò le lù dì shàng bēn pǎo sù dù zuì kuài de dòng wù
快可以达到每小时 160 千米，超过了陆地上奔跑速度最快的动物。

🔍 蓝鳍金枪鱼

lán qí jīn qiāng yú yòu jiào hēi qí jīn qiāng yú shēn tǐ yuē mǐ cháng tǐ zhòng yuē qiān kè shēng huó zài shì jiè
蓝鳍金枪鱼又叫黑鳍金枪鱼，身体约 2 米长，体重约 150 千克，生活在世界

gè dà yáng wēn dài zhì rè dài hǎi yù lán qí jīn qiāng yú de zuǐ jiào dà xiōng qí hěn duǎn tā men jīng chángchéng qún jié duì de
各大洋温带至热带海域。蓝鳍金枪鱼的嘴较大，胸鳍很短。它们经常成群结队地

huó dòng tóu zú lèi jiǎ qiào lèi hǎi yángshēng wù jí yú lèi shì tā men de shí wù
活动，头足类、甲壳类海洋生物及鱼类是它们的食物。

115

比目鱼

比目鱼，又名偏口鱼、鲽鱼等，身体侧扁，一双眼睛长在头的一边。它非常喜欢在浅海的泥沙质海底栖息，常常把自己埋在泥沙里。全球的比目鱼共有 540 多种，是口感极佳的海洋珍品。

奇异外形的形成过程

据鱼类学家们研究，比目鱼的奇形异状是后天形成的。刚出生的比目鱼幼崽的眼睛也是长在两边的，等它长到长约 3 厘米的时候，眼睛就会发生转移，一侧的眼睛往头的上方移动，逐渐穿过头顶移向另一侧，直至靠近另外一只眼睛才停止。

有趣的生活习性

比目鱼的生活习性特别有意思，和其他鱼类游泳时脊背朝上不同，比目鱼是有眼睛的一侧朝上，即侧着身体游泳。它经常在海底平卧着，将身体隐藏在一层沙子之下，仅把一双眼睛露出来，目的是躲避捕食者和等待猎取食物。这样就能显

shì chū yì shuāng yǎn jing zài yí cè de yǒu lì zhī chù   tóng shí zhè yě shì wù zhǒng jìn huà hé shì yìng zì rán de jié guǒ
示出一双眼睛在一侧的有利之处，同时这也是物种进化和适应自然的结果。

左鲆右鲽

zài bǐ mù yú zhōng   yǒu de zhǒng lèi yì shuāng yǎn jing zhǎng zài yòu bian   yǒu de zhǒng lèi zé zhǎng zài zuǒ bian   suǒ yǐ rén
在比目鱼中，有的种类一双眼睛长在右边，有的种类则长在左边，所以人

men tōng cháng rèn wéi liǎng tiáo bǐ mù yú bìng jiān shí fāng kě qián xíng   yì tiáo yú zhuān mén kàn yòu bian   yì tiáo yú zhuān mén kàn zuǒ
们通常认为两条比目鱼并肩时方可前行，一条鱼专门看右边，一条鱼专门看左

bian   yǎn jing zhǎng zài zuǒ bian de bǐ mù yú bèi chēng wéi yá píng   yǎn jing zhǎng zài yòu bian de bèi chēng wéi dié yú   zhè jiù shì rén
边。眼睛长在左边的比目鱼被称为牙鲆，眼睛长在右边的被称为鲽鱼，这就是人

men suǒ shuō de   zuǒ píng yòu dié
们所说的"左鲆右鲽"。

营养价值

bǐ mù yú fù hán duō zhǒng yíng yǎng chéng fèn   rú jiǎ lín gài
比目鱼富含多种营养成分，如钾、磷、钙、

dàn bái zhì jí wéi shēng sù   děng   wéi shēng sù   de
蛋白质及维生素A、D等，维生素B6的

hán liàng yóu wéi fēng fù   tóng shí hán yǒu de zhī
含量尤为丰富，同时含有的脂

fáng què hěn shǎo   cǐ wài   bǐ mù yú hái hán
肪却很少。此外，比目鱼还含

yǒu fēng fù de   zhè shì dà nǎo de zhòng
有丰富的DHA，这是大脑的重

yào zǔ chéng bù fen   jīng cháng shí yòng kě yǐ tí shēng
要组成部分，经常食用可以提升

zhì lì
智力。

蝠鲼
fú fèn

"manta" 为蝠鲼的英文名称，源自西班牙语，是毯子的意思，看它的外形便可知晓。又因为它在水中优美轻逸的游姿与飞行在夜空的蝙蝠相似，所以得名蝠鲼。

外形特征

蝠鲼大多身体扁平，宽比长要大，最大的宽可达8米，重3000千克。体盘呈菱形，一端宽大扁平；吻端宽且横平；胸鳍呈翼状且肥厚；头两侧有一对突出的头鳍；尾巴细长像鞭子一样，有尾刺；口和鳃孔宽大，牙细密；上、下颌有牙带，有的上颌没有牙；鼻孔在口前两侧；眼后有喷水孔，出水孔在口边开口；深弧形的腰带正中间延长尖突。

生活环境

蝠鲼大多栖息在热带和亚热带的浅海海域，较少停留或栖息在海底，从离海岸不远的表水层至120米深的海洋中都可以看到它们的身影。

飞跃绝技

蝠鲼的飞跃绝技是它最有特色的一种习性。科学家们发现，蝠鲼在跳出水面之前需要做许多准备工作：先在水中以旋转的游姿上升，靠近水面时，游速和转速持续加快，直到跳出水面。偶尔它还会来个潇洒的空翻，最高可跳4米，落水时伴以巨大的响声，场面十分壮观。众多蝠鲼同时凌空跃起，下落后在海面击打出水花，就像暴雨降落。

diàn yáo

电 鳐

电鳐在古罗马时代就被用来医治风湿性疾病。在现今的澳大利亚沿海区域，许多关节炎患者在盛夏时节都会在沙质的浅海处走一走，希望通过踩在隐藏在泥沙里的电鳐身上进行电疗。意大利物理学家伏特根据电鳐的发电器官及原理在 19 世纪发明了世界上的首块电池。

外形特征

diàn yáo tōng cháng gè tóu bú dà　shēn cháng　　　　lí mǐ　shǎo shù pǐn zhǒng néng gòu zhǎng dào　mǐ cháng　　qiān kè
电鳐通常个头不大，身长 30~40 厘米，少数品种能够长到 2 米长、100 千克

zhòng　diàn yáo wéi luǎn tāi shēng dòng wù　　　zài rè dài hé wēn dài hǎi yù fēn bù guǎng fàn　shǔ dǐ qī yú lèi　dòng zuò huǎn màn
重。电鳐为卵胎生动物，在热带和温带海域分布广泛，属底栖鱼类，动作缓慢，

bǐ jiào lǎn duò　cháng cháng bǎ shēn tǐ mái zài hǎi dǐ de ní shā lǐ　tǐ pán hòu qiě róu ruǎn　dà duō chéng tuán shàn xíng huò zhě tuǒ
比较懒惰，常常把身体埋在海底的泥沙里。体盘厚且柔软，大多呈团扇形或者椭

yuán xíng　zuǐ xiǎo　yá chǐ jiān qiě xì xiǎo
圆形。嘴小，牙齿尖且细小。

放电本领

电鳐可以任意放电，并且可以完全自己掌握放电强度及时间。放电是电鳐攻击敌人和猎食的手段，它放出的电流可以击毙水里的虾、小鱼及别的小动物。

放电原理

肌肉纤维演变形成的电板是电鳐的电源。电板相当于电池的正负极，众多电板按顺序排列起来形成电柱，在脑神经的控制下发出电来。电鳐的发电器官占自身重量的1/6，电压可达80~200伏特。寻偶、御敌、猎食、适应海底环境等是其放电的目的。

飞 鱼

fēi yú

　　飞鱼的外貌很奇特，胸鳍较长，呈翼状，可延伸到尾部，身体似织布用的长梭。流线型的体型能够使飞鱼在水里飞速游动。它可以跳出海面10多米，最长可在空中停留40余秒，最远可飞行400多米。飞鱼背部的颜色与海水相似，它多在水面活动。它们经常于夜间在海上成群结队地飞来飞去，形态似鲤鱼，鱼身鸟翼，嘴红头白，背上长有青色纹理。

繁殖情况

　　较小的浮游生物是飞鱼的主要食物，每年的4月和5月，它们由赤道来到我国的内海繁殖后代。它的卵轻且小，表面有像丝一样的突起，挂在海藻上十分合适。以往渔民们为了捕捉飞鱼，便根据它们的产卵习惯，在其产卵的必经之路上，撒下许多数百米长的网。国家制定了保护措施后，飞鱼开始受到保护。

生活习性

　　飞鱼主要在海洋上层生活，是许多凶猛鱼类争抢的食物。它很少跳出水面，只有受到轮船的引擎声的刺激时，或者遭到其他动物攻击时，才会展现这一"技艺"。但这一"技艺"不是每次都保险，它在空中飞行时，有可能落到海岛上，或被正在飞行的海鸟抓住。飞鱼分布在温带、亚热带及热带海洋里。有些种类的飞鱼可以形成渔汛。

🔍 最高滑翔纪录

飞鱼最远滑翔的距离为109.47米，最高滑翔的高度为10.97米，最长持续时间为90秒，这是人们在热带大西洋测得的飞鱼的最高滑翔纪录。

<ruby>海<rt>hǎi</rt></ruby> <ruby>马<rt>mǎ</rt></ruby>

生活在暖海的刺鱼目海龙科的一些小型鱼类统称海马，属硬骨鱼纲海龙科，是硬骨鱼。目前，海马已成为珍稀濒危物种之一，是世界一级保护动物，我国的二级保护动物。

外形特征

海马的外形很有特色，头部似马，眼睛像变色龙，尾巴像猴。它的眼睛与变色龙、蜻蜓等一样，能够互不影响地前后、左右或上下转动。海马长有一个很长的管状物，嘴小且不能张开或合住，只能把水中的小动物吸进来吃掉。它们借助拟态和保护色来捕食猎物和躲避敌害。在黄红色的沙地中，海马的体色呈黄棕色，在海藻中呈绿褐色或黄绿色。

海马生性懒惰，行动缓慢，喜欢在其他物体上缠绕着，所以它多在水面平静、水质清澈、藻类丰富的温暖性浅海生活。19℃~32℃是最适宜海马栖息的温度，1.005~1.027为最适宜海马生活的海水相对密度。

海马，又名水马，是一种名贵中药，经济价值非常高，有强健身体、舒筋活络、补肾壮阳、止咳平喘、镇静安神等多种药用功效。至少在1500多年前，海马就被作为药用。

125

运动方式

海马无尾鳍，只凭借胸鳍和背鳍迅速地摆动。游动时，海马的头部朝上，身体微斜直立在水中，游动起来一上一下的，非常可爱。海马经常靠可以卷曲的尾巴，把自己倒挂或缠绕在海藻等其他物体上，并随着它们移动。当海马捕捉猎物或做其他事情时，才会短时间离开附着物。雄性海马长有育儿袋，负责生育小海马。

*父子间的嬉戏

弹涂鱼
tán tú yú

弹涂鱼别名跳跳鱼，虽然属于鱼类，但它们却经常在晴天从水中爬出来，靠尾鳍和胸鳍在海滩上跳跃或爬行，捕捉海滩上的底栖小昆虫和藻类等。它们可以离开海面，在滩涂上四处活动，所以在鱼类家族中，弹涂鱼也称得上是一个"另类"。

生长环境

近海岸边和河口高潮区下面的滩涂是弹涂鱼的栖息地。晴天的时候，它们会离开洞穴在泥滩上寻找食物，这里的小昆虫、底栖藻类等小型生物都是它们的食物。通过分析它们胃里所含的物质得知，弹涂鱼的主要食物是附着性的矽藻类。

"海上人参"

弹涂鱼肉质非常鲜嫩，有滋养补益之功效，所以它被日本人称为"海上人参"。在中国沿海地区，弹涂鱼也是极受人们喜爱的海产。尤其是在冬令时节，弹涂鱼肉质肥厚，味道鲜美，所以有"冬天跳鱼赛河鳗"的说法。

行为特点

虽然弹涂鱼喜欢在强烈的阳光下活动，但它们毕竟属于鱼类，仍然需要时刻保持身体湿润，要不然就会死掉。为防止脱水现象的发生，一定要按时把身体浸入水里，时常保持身体湿润，所以弹涂鱼的全部活动均是在水塘四周进行的。

大小黄鱼、带鱼

中国传统四大海产分别是大黄鱼、小黄鱼、乌贼和带鱼，这些均为中国沿海主要的经济鱼类。带鱼在南方被称作牙带鱼、白带鱼，在北方被称作刀鱼。

身体特征

带鱼的身体侧扁，呈银灰色，像一条长带，因此得名带鱼，人们形象地把它称为"飘逸的带子"。它主要分布在印度洋和西太平洋，在我国的渤海、东海、黄海直至南海均有分布。

带鱼的生活习性

带鱼的游泳能力不强，主要通过摆动身体来进行上下游动，所以形成了昼夜垂直游动的习性：白天成群地在海洋的中水层栖息，夜晚则降到海底。带鱼的性情比较凶猛，主要猎食乌贼和毛虾。另外，带

yú hái tè bié tān chī　　yǒu shí shèn zhì huì chī zì jǐ de tóng lèi
鱼还特别贪吃，有时甚至会吃自己的同类。

带鱼的分类

dài yú zài zhōng guó yán hǎi fēn wéi nán hé běi liǎng dà lèi　　nán fāng dài yú gè tóu jiào běi fāng dài yú xiǎo　　suí zhe jì
带鱼在中国沿海分为南和北两大类，南方带鱼个头较北方带鱼小。随着季
jié de biàn huàn　　tā men měi nián yán zhe dōng hǎi de xī bù biān yuán zuò nán běi xiàng yí dòng　　chūn tiān xiàng běi jìn xíng shēng zhí huí
节的变换，它们每年沿着东海的西部边缘作南北向移动，春天向北进行生殖洄
yóu　　dōng tiān zé xiàng nán jìn xíng yuè dōng huí yóu　　dōng hǎi dài yú hái yǒu chūn xùn yǔ dōng xùn de fēn bié
游，冬天则向南进行越冬洄游。东海带鱼还有春汛与冬汛的分别。

大黄鱼的形态特征及分布范围

dà huáng yú yòu míng huáng yú　　hóng kǒu děng　　shì zhōng guó chuán tǒng sì dà hǎi chǎn zhī yī　　dà huáng yú chéng jīn huáng
大黄鱼又名黄鱼、红口等，是中国传统四大海产之一。大黄鱼呈金黄色，身体侧扁，体长 40~50 厘米，鳞较小，尾柄细且长。它们通常生活在较深的海区，4~6 月洄游至浅海区繁殖，之后分散在近海区寻找食物，鱼虾等是它们的食物。秋冬季它们又迁移至深海区。渔民可以借大黄鱼能发声的鳔来估测鱼群有多大。

🔍 小黄鱼

小黄鱼属于近海结群性洄游鱼类。小黄鱼喜欢在水深小于 100 米的海区、泥沙质和软泥海底中生活。它们在黄昏时上升活动，天快亮时下沉休息，具有明显的垂直移动现象。

海龟 (hǎi guī)

海龟的寿命特别长，可以活数百岁，这在动物界中是出了名的，并且它也是目前海洋里身躯最大的爬行动物。同时，海龟还是生物进化的活化石，距今已有两亿多年的历史。与陆地龟不同的是，它们不能把四肢和头缩进龟壳内。

海龟的种类

有8种海龟生活在海洋中，它们分别是：玳瑁、大海龟、红海龟、太平洋丽龟、绿海龟、棱皮龟、橄榄绿鳞龟和平背海龟。其中，除后两种海龟外，其他6种在我国沿海均有分布。现存的所有海龟均属于濒危动物。在我国，海龟被列为国家二级保护动物。

绿海龟

绿海龟因身上的脂肪是绿色的，所以得名。虽然绿海龟经常在海洋里四处闲游，但到了每年的繁殖季节，即使在离出生地很远的地方，它们也会回来繁衍后代。

棱皮龟

海龟的龟壳均呈流线型，质地轻盈且扁平，它们的鳍状前肢也都非常大，其中体型最大的当属棱皮龟，它们栖息在温暖的海区。

小海龟的艰难之旅

母海龟在小海龟孵出之前就返回了大海，小海龟要回到大海生活只能凭借自己的力量。从龟穴到海边的距离虽然不长，但充满了危险，蛇、海鸟甚至螃蟹都想把小海龟吃掉。爬到海中也仅仅是旅途的开端，历经艰难的旅程之后，只有非常少的小海龟可以活下来并长大。

思乡的海龟

海龟在海洋中发育成熟需要 20~30 年的时间，之后，海龟就会群体性地返回自己的"故乡"。尽管路途艰难且遥远，它们也一定会回到自己出生的地方，然后产卵繁殖下一代。海龟返乡具有明确的目的性、准确的季节性及固定的路线。

鲨鱼

海洋中最优秀的猎手当属鲨鱼。它们颌骨巨大、牙齿锋利，可以把鱼、海龟、海豹甚至木船等撕碎。大白鲨和虎头鲨偶尔会咬人，但是大多数鲨鱼非常害怕人，碰到人时会急忙游走。

🔍 不断换牙

与大多数脊椎动物不同，鲨鱼的上颌是以韧带和头骨相连，这让它们每次都可以咬下一大口猎物。它们后排新长出的牙齿会不断代替前排的牙齿，因为前排牙齿总会在咀嚼食物时断裂或磨损。有的鲨鱼一生中大约会更换30000颗牙齿。

🔍 游泳能手

鲨鱼游动时一侧的身体向另一侧扭动。它的头部、身体和长尾巴在游泳时会依次扭动起来，伴随着波动传到自己身体的各个部分，这样它就能够在海洋中向前行进了。

135

体态特征

鲨鱼有着流线型的身体。它看起来十分吓人，口鼻处特别长，像锥形。它有大大的胸鳍及突出的背鳍。鲨鱼的"歪尾"非常有特色，尾鳍的下叶比上叶短。它有着敏锐的视觉和一流的听觉、嗅觉及味觉。鲨鱼可以在水里感觉到震颤，还能利用电脉冲跟踪猎物。

鲨鱼的浮力

鲨鱼和许多硬骨鱼不同，它没有防止身体下沉的充气鱼鳔。鲨鱼能够保持在水中漂浮靠的是胸鳍产生的浮力。其尾鳍上叶也可以产生一些浮力使头部朝下，来维持身体的平衡。它们巨大的肝脏中含有丰富的油脂，这些油脂质量比水要轻，也有利于帮助鲨鱼漂浮在水中。

海洋生态与 开发利用

海洋生态
hǎi yángshēng tài

从原生生物至脊椎生物，有25万余种生物分布在海洋中，这些生物和海洋环境相互影响，构成了海洋生态系统。该系统结构多种多样，组成部分纷繁复杂，其影响和作用也非常大。

海流

hǎi liú bāo kuò mì dù liú shēng jiàng liú shàngshēng liú yǔ xià jiàng liú dà yáng huán liú wō liú fēng hǎi liú jí
海流包括密度流、升降流（上升流与下降流）、大洋环流、涡流、风海流及

cháo liú děng qí zhōng dà yáng hǎi liú de gǔ gàn wéi dà yáng huán liú ér yú chǎng zé zhǔ yào fēn bù zài shàngshēng liú qū yù
潮流等。其中，大洋海流的骨干为大洋环流，而渔场则主要分布在上升流区域。

hǎi liú duì hǎi yáng huán jìng qǐ zhe jī jí de zhǔ dǎo zuò yòng
海流对海洋环境起着积极的主导作用。

137

海洋生态稳定

海洋生态稳定，也就是海洋生态平衡，指的是海洋生物和海洋环境之间、海洋生物的各个群种之间保持着一种相对稳定的平衡状态。

生产者

海洋中，有5类生物能进行光合作用，分别为：浮游植物、底栖硅藻、海洋被子植物、光合细菌及大型定生藻。

初级消费者

初级消费者以植物为食。滤食性动物多为植食性动物，它们的主要食物为有机

kē lì huò fú yóu zhí wù　　　　rú dǐ qī dòng wù hé
颗粒或浮游植物，如底栖动物和

fú yóu dòng wù　dǐ qī dòng wù yǒu shàn bèi
浮游动物。底栖动物有扇贝、

mǔ lì　yí bèi děng　fú yóu dòng wù yǒu bèi
牡蛎、贻贝等，浮游动物有被

nángdòng wù　shuǐ mǔ　máo è dòng wù děng
囊动物、水母、毛颚动物等。

分解者

fēn jiě zhě zhǔ yào wéi yì yǎng de wēi shēng wù
分解者主要为异养的微生物，

tā men tōng guò fēn jiě sǐ wáng de hǎi yáng dòng zhí wù yǔ qí tā yǒu
它们通过分解死亡的海洋动植物与其他有

jī wù lái huò qǔ néng liàng　bìng jiāng yǒu jī wù zhú jiàn huán yuán chéng wù
机物来获取能量，并将有机物逐渐还原成无

jī wù
机物。

次级消费者

cì jí xiāo fèi zhě yì bān zhǐ shí ròu dòng wù　qí zhǔ yào shí
次级消费者一般指食肉动物，其主要食

wù wéi qí tā ròu shí xìng dòng wù huò zhí shí xìng dòng wù　zài shí wù
物为其他肉食性动物或植食性动物。在食物

liàn shàng bù tóng de ròu shí xìng dòng wù chǔ zài bù tóng de yíng
链上不同的肉食性动物处在不同的营

yǎng jí
养级。

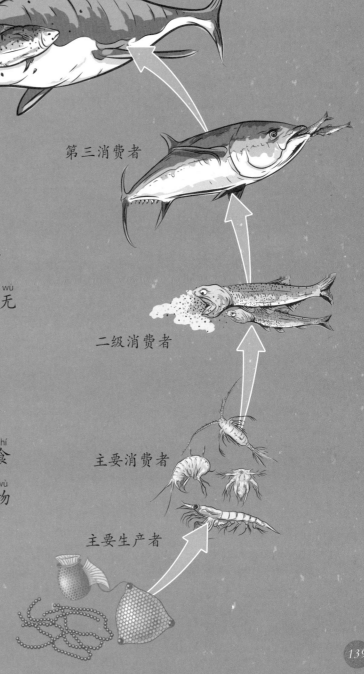

第四消费者

第三消费者

二级消费者

主要消费者

主要生产者

139

海洋生态奇观

海洋生态系统包含的内容极其广泛，是一个神奇的生态系统。奇异的海洋风景、独特的海岛与罕见的海域、海洋生物大聚集等都让人非常向往。

澳大利亚大堡礁

澳大利亚大堡礁是全球最长最大的珊瑚礁群，包括2900个左右的小珊瑚礁岛，总长约2000千米，1981年被列入世界自然遗产名录。美国的有线电视新闻网也将其列入世界七大自然景观，被誉为"清澈透明的海中野生王国"，吸引着世界各地的游客前往。

世界海藻森林

世界海藻森林是由许多种较大的海藻组成的一个非常有生产力的生态系统，它为许多海洋动物提供了觅食、栖息、繁殖的场所。生物之间相互制衡、彼此依存，构成了相对稳定的生态环境。

乌岛

乌岛是海乌迁徙和繁殖的"驿站",是海乌的"王国"。数以万计的海乌在此栖息,乌黑一片。在繁殖季节,数不清的窝更是紧紧地挤在一起。有时它们为了抢夺地盘争吵不休,此时的乌岛像极了"销售乌蛋的市场"。

世界四大渔场

世界上有四大著名渔场,即日本北海道渔场、英国北海渔场、加拿大的纽芬兰渔场和秘鲁的秘鲁渔场。

世界七大海底奇观

"CEDAM 国际"是从事海洋生物保护和水肺潜水的组织,该组织于1989年宣布了他们评选出的世界七大海底奇观:帕劳群岛、贝加尔湖、深海热泉、澳大利亚大堡礁、加拉帕戈斯群岛、红海北部和伯利兹大堡礁。这七大海底奇观被他们视为重点保护区域。

海洋中的石油
hǎi yángzhōng de shí yóu

　　海洋中蕴含着丰富的石油和天然气，随着科学技术的进步，1947 年美国率先尝试在海上开采石油，随后世界各国都投入到了海洋油田的开发中。目前，我国的海上油田开发工作已经取得了较大的成果。

石油分布

　　石油主要产在大陆架及其临近的地区，储量十分丰富。波斯湾的大陆架有大规模的石油开采地区，目前这一地区开采的石油已经成了满足全世界石油需求的主要地区。仅次于波斯湾的是欧洲西北部的北海，这里的海洋石油产量居世界第二。居世界第三位的海洋石油开采地是委内瑞拉的马拉开波湖。美国与墨西哥之间的墨西

哥湾和中国的黄海、渤海、东海等近海也都有非常丰富的石油资源。

最早的海洋开采

美国在 1897 年就采用木质钻井平台在浅海开采石油。1924 年苏联在里海沙滩上也竖起了采井架，开始了对石油的开采。到了 20 世纪 40 年代中期，现代海上石油井架被广泛使用，并有效地开始了开采工作。真正的海底油井是 1946 年美国人在墨西哥湾建立的钻井平台。

中国的海上石油资源

中国物产丰富，石油储量也很多。在我国 30 多个大型的海底沉积盆地中，已经探明有油气储量的总面积达 127 万平方千米，渤海海盆、北黄海海盆和南黄海海盆都有石油储藏。不仅如此，临近我国的海域里有 42% 都含

有石油和天然气，尤其是南沙群岛等海域的石油储量多达 350 亿吨，天然气储量达 8 万亿 ~ 10 万亿立方米。这样巨大的储藏量将成为我国重要的资源。

可以燃烧的冰

除了石油和天然气可以燃烧，有些冰也是可以燃烧的。这是一种新型的矿藏，广泛地分布在海底。这种天然气水合物的外表和冰非常相似，都是白色的固态晶体。

新型能源

可燃冰的分子结构像一个灯笼，对气体具有极强的吸附能力，当它吸附的气体达到一定数量的时候，就可以成为一种能源被利用了。可燃冰之所以可以燃烧是因为在它的成分里有90%是甲烷，其余是乙烷、乙炔等。这些可燃烧的气体分子在压缩状态下呈现出固体结晶状。这种可燃冰或许可以成为新型能源，目前多个国家正在研究可燃冰的开发。

可燃冰的形成

对于可燃冰的形成，一种意见认为可燃冰不同于天

然气，它并不像天然气一样是生物遗体经过一定的地质年代形成的，很可能是在几十亿年前在深海中处于游离状态的甲烷与水结晶而成。无论它的成因如何，可燃冰的存在还是让世界各国对可燃冰能源的开发产生了浓厚的兴趣，并已经探明可燃冰在海洋中存在很普遍，储量几乎是陆地石油资源总和的上百倍，如此规模的储量让各国科研人员充满了兴趣。

最早的商业开采

俄罗斯首先对可燃冰的开采进行了尝试，并且取得了实验的成功。他们将实验地点选在了西伯利亚的梅索亚哈气田。目前，俄罗斯开采的可燃冰已经将近30亿立方米。这一举动无疑为人类对可燃冰的开发开启了一个新的时代。

大海中的珍贵矿产
dà hǎi zhōng de zhēn guì kuàngchǎn

大海中有许多珍贵矿产，除了石油和天然气等可燃烧物外，还有很多工业和医药领域的重要原料，并且含量极高。

 铀

＊铀矿石

铀是重要的天然放射性元素，也是最重要的核燃料。在海洋中铀的分布并不均匀，在印度洋中铀含量最多的地方是在水下 1000 ～ 1200 米的地方，而大西洋和太平洋底的铀则在水下 1000 米处含量最高。海洋生物中也含有铀，浮游植物中的铀含量是浮游动物的 2 ～ 3 倍。这些分布不均的铀开发起来有一定难度，还需要科学家来想出好的对策。

 溴

溴具有镇静作用，是组成抗菌药物的重要元素，因此被广泛应用于医药领

148

yù
域。大海中溴的总含量达 95 亿吨，平均每升海水中就含有 67 毫克溴。

金刚石

金刚石又称为金刚钻，加工完成的
金刚石叫作钻石。在陆地上，非洲大陆是
金刚石的故乡，尤其是南非和刚果金刚石
产量极高。大海中也同样蕴含有丰富的金刚
石矿藏。在非洲纳米比亚的奥兰治河口到安哥拉的沿岸

＊金刚石

和大陆架区里金刚石的总储量有 4000 万克拉，尤其是奥兰治河口北面有一条长 270
千米、宽 75 千米的金刚石沉积地带。这里的金刚石沉积物厚度有 0.1 ～ 3.7 米，储
量达到 2100 万克拉，金刚石的含量达每平方米 0.31 克拉。

海绿石

＊海绿石

海绿石颜色艳丽，形态各异，有浅绿色、深绿
色和黄绿色；形状有球状、粒状和列片状。海
底 100 ～ 500 米的地方有大量海绿石存在。海绿

石是做钾肥的原料，纯净的海绿石还可以做颜料和硬水软化剂。

钴

钴的化学性质有点像钛，可以用来制作耐热合金，也是制作瓷器上蓝色颜料的主要成分。在工业上钴主要用于制作合金，使用钴合金焊在零件表面，可以提高零件的使用寿命。在医疗上，钴还可以代替镭来治疗恶性肿瘤。1981年，美国和德国在夏威夷以南的海底发现钴矿和溴矿。各大洋底都蕴藏着不同程度的钴矿，仅美国西海岸的海域里钴矿的蕴含量就有4000万吨。这些丰富的矿藏如果开发利用得当，将会大大地造福人类。

＊钴

锰结核

锰结核也是海中的重要矿藏之一，世界大洋中的锰结核总储量有3万亿吨，仅太平洋中的锰结核储量就有1.7万亿吨。

海中粮仓
hǎi zhōng liáng cāng

　　海洋面积占地球总面积的 3/4，如果海洋里可以播种粮食，那将能出产多少粮食供人们食用啊！海洋能否成为人类未来的粮仓呢？

丰富的资源

　　海洋虽然不能种植水稻和小麦，但是海里的海虾、海鱼、海贝等却能为人类提供营养丰富的蛋白食物。不过现在海洋中的食物在人类摄取的营养中所占比例不大，仅占 5%～10%。虽然人类对海洋中的食物摄取量不多，但是捕捞量却过多，很多未长成的小鱼也都被捕捞殆尽。未来海洋能否成为人类的大粮仓？目前的渔业显示，

*龙虾

似乎还不太可能，不过要通过海洋饲养鱼类以提高其产量并不是不可能的。

*海草

渔场离不开海藻

在近海上有很多渔场，这是由于生物间的食物链关系，要想饲养鱼类必须要有供给鱼类的海草等食物。在深海中海藻难以进行光合作用，只有在浅海里，海藻才能得到所需的硅、磷等营养物质，所以世界上屈指可数的几大渔场都建在近海。在近海1000米以下的水下，有丰富的硅、磷元素。由于自然力的作用，这些物质上升到海面滋养了此处的海藻，为鱼类提供了丰富的食物，因此这里海藻茂盛、鱼类密集，是建立渔场的最佳场所。

科学利用

科学家们受此启发，利用人工方法把深海里的水抽到海面，利用从深海中抽取的营养来养殖海藻，饲养贝类，然后用贝类饲养龙虾，形成一种海中的食物链。这种方法在实验运用当中起到了预期的效果，收效很好。

海洋是个大药库
hǎi yáng shì ge dà yào kù

海洋中的许多生物除了有丰富的营养价值，味道鲜美以外，还都是很好的药材。

海参的药用价值

这样的生物在海中有很多，海参就是其中之一。海参是名贵的高蛋白海味，营养价值很高。有几种海参的肛门中能够释放一种毒素，这些毒素是抑制肿瘤的良药。

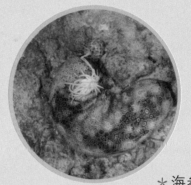

＊海参

＊牡蛎

牡蛎的药用价值

贝类中的牡蛎味道十分鲜美，它的体内含有一种抗生素，对于抗治肿瘤有一定功效。海中的物质能够提取抑制癌细胞的药物不在少数，从海藻和微小海洋生物中提取的有毒化合物用于治疗某些疾病是十分有效的。例如，海绵中的有毒物质就有抑制癌细胞的作用，灌肠鱼体内能够提取治疗糖尿病的物质。海洋简直就是人类的大药房。

珊瑚也能制药

珊瑚礁中也有一种有毒物质，这种有毒物质和海绵一样都有抑制癌细胞的作用。珊瑚礁中的其他物质还可以治疗关节炎和气喘病，尤其是一种产自夏威夷的珊瑚，它的剧毒经过提炼可以制成治疗白血病和某些癌症的特效药。

鲨鱼的抗癌作用

20世纪80年代中期以来，各国科学家对鲨鱼进行了更深入细致的研究。

经研究发现鲨鱼的患病率极低，几乎从不得病，尤其是对于癌症更是基本杜绝。这一发现引发了科学家对鲨鱼身体各部分药理、化学等方面的悉心研究，

尤其是对鲨鱼抗击癌症作用的研究更是受到了科学家的重视。研究结果发现，鲨鱼之所以如此健康，主要是因为鲨鱼血清对于肿瘤细胞有杀伤作用，即使这种血清在体外也依然有效。这一发现无疑给许多癌症患者带来了福音。

海洋——蛋白质的仓库

蛋白质是人类生存的基本营养，被称为"生命素"。海洋中的很多生物都富含蛋白质，整个海洋就像一个蛋白质仓库。

人类蛋白质的主要来源

目前人们对于海洋中蛋白质的摄取量并不多，人类主要的蛋白质是来自陆地上的家禽类动物。不过随着人口的增长，这些家禽的增长量已经无法满足人类对蛋白质的需求。

极具营养的海产品

人类最常吃的海产品是鱼。鱼类除了富含各种蛋白质以外，还含有氨基酸和维生素，味道又很鲜美。1000万吨鱼比100亿千克猪肉产生的营养还多。

自古就有的海上捕鱼作业

大海中的鱼类数量繁多，种类也是各种各样。在1万多种鱼类中，可以大量捕捞的大约有200种。捕鱼的活动在古代就已经存在，古时候人们利用渔网捕鱼，也有使用钓竿的。过去渔民捕鱼都会依靠经验判断哪里有鱼群出现，然后乘坐帆船前去捕捞。

现代化的捕捞

现在捕鱼业越来越发达，渔民会乘坐大型渔轮，采用科学探测仪确定鱼群的位置，然后进行捕捞。只要打开探测仪，无论任何时间，无论海水的深浅，都能准确地探测出鱼类的情况及鱼的种类。另外雷达、无线电装置的帮助也使渔民捕鱼变得容易多了，即使是没有经验的渔民也可以通过这些装置找到鱼的踪迹，满载而归。

海洋 之最

最美丽的海——珊瑚海

珊瑚是海里特有的美丽生物。我们经常会见到各种各样的珊瑚工艺品，它们形态各异，惹人喜爱，有些更是价值不菲。那么这些珊瑚究竟产自何处呢？

地理位置

在澳大利亚大陆的西面有一片东北面被新赫布里群岛、新几内亚、所罗门群岛所包围的海域，它是南太平洋的属海，南面连着塔斯曼海，面积有半个中国那么大，它的名字叫珊瑚海。

干净的水质

珊瑚海水质几乎没有被污染，海水清澈透明，光线充足，很适合各类珊瑚虫生

cún
存。整个珊瑚海几乎没有河流注入，海水的盐度始终保持在珊瑚虫适宜的

27%～38%，因此这里无论是大陆架还是浅海滩，都有大量的珊瑚虫再次

繁殖，久而久之就形成了许多姿态各异的珊瑚礁。阳光充足、水质干净

的水域是大部分鱼类喜欢的地方。

珊瑚海的美景

珊瑚海的水色呈深蓝色，色彩斑斓的珊瑚礁在深蓝色海水的映衬下如

同一幅幅绮丽壮美的图画。

珊瑚海适宜生物生存的原因

zhī suǒ yǐ yǒu zhè me duō shēng wù shēng huó zài zhè lǐ   jiù shì
之所以有这么多生物生活在这里，就是

yīn wèi shān hú hǎi méi yǒu bèi wū rǎn   hǎi
因为珊瑚海没有被污染，海

shuǐ shí fēn jié jìng   zhè lǐ de shuǐ
水十分洁净。这里的水

wēn cháng nián zài
温常年在18℃~28℃，

lì yú shān hú chóng shēng zhǎng
利于珊瑚虫生长。

危险的航线——德雷克海峡

德雷克海峡位于南美南端与南设得兰群岛之间，全长 300 千米，宽 900 ~ 950 千米，是世界上最宽的海峡。它的平均水深达到 3400 米，最深处有 5248 米，因此也是世界上最深的海峡。

得名原因

16 世纪初，西班牙人在占领了南美大陆后，为了独揽同亚洲和美洲的海上贸易，封锁了航路，只允许本国船只来往，将太平洋变成了自己的私人地盘。其他国家的船只如果经过这里都会受到西班牙的攻击。1577 年有一个名叫德雷克的英国人在躲避西班牙人的追捕时，无意中发现了这条海峡。这一发现让英国在西班牙的独揽中找到一条贸易新路，因此海峡就以其发现者的名字被命名为德雷克海峡。

因风暴而著名

德雷克海峡虽然宽阔却并不"平坦"。受大西洋和太平洋交汇的影响，处于南

162

半球高纬度的德雷克海峡几乎聚集了所有狂风巨浪，一年中风力没有低于8级的时候。许多万吨巨轮到了这里，就如同一片落叶一样在波涛汹涌的海面颠簸。曾有无数航船在这里沉没，所以在这里航行是很危险的。

危险的航线

德雷克海峡被称为"杀人的西风带""暴风走廊""魔鬼海峡"，是一条名副其实的"死亡走廊"。除了海上的风暴以外，有时候海面还会漂浮着巨大的冰山，这些都给航行带来了很大的困难。

最浅的海——亚速海

亚速海是乌克兰南部的一个内海，它的面积为 37600 平方千米，长度为 340 千米，水非常浅，平均深度只有 8 米，最深处也不过 14 米，是世界上最浅的海。

气候

亚速海的温度有时寒冷，有时温暖，属于温带大陆性气候。冬季的气温通常低于 0℃，一般结冰期为 2 ~ 3 个月。夏季比较温暖，水温能达到 20℃ ~ 30℃。

资源

由于亚速海的海水时而温暖时而寒冷，混合状态很好，海水又比较浅，尤其是夏季的时候海水很暖和，所以很适合鱼类生活。大量随着河流注入海中的营养物质，为鱼类提供了充足的食物，因此仅是生活在这里的无脊椎动物就有300多种。此外还有非常多的沙丁鱼和鳀鱼，鲟、鲈、欧鳊、鲱、鲂、鲻、米诺、欧拟鲤等鱼类也不少，大概有80种。

运输

虽然亚速海的海水很浅，但是并不影响它的运输量。如果不是因为有些地方水太浅，相信它的运输量会更大。每到冬天水面结冰的时候，为了航运顺利，人们不得不破冰助航。

"内海"之最——地中海

地中海的历史比大西洋还要悠久，是世界上最古老的海，因为位于三大洲之间，因而得名"地中海"，意为陆地中间之海。犹太人和古希腊人将地中海简称为"海"或"大海"。

地中海的形成

地中海海底崎岖不平，交错分布着海岭和海盆，最深处达4000多米，最浅处只有几十米。为什么它的地貌有这么大的差异呢？

地中海海底都是石灰和泥沙，地质构造十分活跃，经常发生地震。大约在6500万年以前，大陆板块漂移，欧亚板块与印度板块撞击在一起，形成了山脉，受到大陆板块合拢的挤压，地中海就退缩成了现在的样子。处于板块交界处的地中海也自然成了地震的多发带，由于经常发生地震，海底就变得不那么平坦了。世界两大著名火山——维苏威火山和埃特纳火山都分布在这里。

地中海的气候特征

地中海的气候在世界各类气候中独树一帜。冬季锋面气旋活跃，所以降水很多，气候温暖而湿润，最冷的时候温度也不会低于4℃，最高时候可达10℃。到了夏季，气流下沉，气候变得干燥炎热，阳光总布满地中海的上空，很少降雨，与其他地区夏季多雨冬季干燥的气候正好相反。

假如地中海缺乏供水

地中海的供水主要依赖于大西洋，大西洋流入地中海的水量很大，每秒钟就可以达到7000立方米。虽然地中海周围有很多河流注入，但是由于炎热和高温，水量蒸发的速度很快。尼罗河、罗纳河、埃布罗河等河水的注入多少有些不足，如果没有大西洋水流的注入，地中海恐怕早已干涸。目前，地中海的水量在没有大西洋注入的情况下最多可以维持1000年，1000年后这里将不再是一片海域，只能留下一个巨大的咸凹坑供人们回忆！

"hēi sè de hǎi" —— hēi hǎi
"黑色的海" —— 黑海

黑海是怎么得名的呢？古时候黑海边的希腊人用黑色来代表北方，其他方位也各用一个颜色代替，后来北方的那片海就被叫作黑海了。那么黑海到底是不是黑色的呢？

黑海缺乏生气的原因

hēi hǎi de shuǐ shì shēn lán sè de　　yīn tiān de shí hou huì biàn àn　　hēi hǎi shì dì qiú shàng wéi yī de shuāng céng hǎi　　zhè
黑海的水是深蓝色的，阴天的时候会变暗。黑海是地球上唯一的双层海，这

lǐ de hǎi shuǐ shàng xià céng bù néng duì liú　　hǎi dǐ de yǒu jī wù zhì dé bú dào yǎng qì　　jiù biàn chéng le hēi sè　　yù dào fēng
里的海水上下层不能对流，海底的有机物质得不到氧气，就变成了黑色。遇到风

bào de shí hou　　hǎi dǐ de yū ní bèi fān juǎn qǐ lái　　shǐ hǎi shuǐ kàn qǐ lái gèng àn le　　hǎo xiàng shì hēi sè de yí yàng　　zhè
暴的时候，海底的淤泥被翻卷起来，使海水看起来更暗了，好像是黑色的一样。这

样的水面看起来很没有生机。事实上由于深层海水中缺乏氧气，鱼类很少能在此生活，所以黑乎乎的海水就变得更加死气沉沉了。

黑海的历史

黑海被认为是印欧语系的发源地。在古代，这里是丝绸之路通往罗马的必经之路，同时它还是连接东欧内陆和中亚、高加索地区出地中海的主要海路，地理位置十分重要。到了17世纪，黑海对沙俄王朝联系欧洲更加关键，几乎可以影响到俄国对欧洲交通和贸易的命脉，所以黑海历来也是被争夺的对象。

黑海的环境特征

同很多被污染的水域不同，黑海的黑色海水算是天生的。但是在 20 世纪 90 年代的时候，严重的工业废水和生活污水，被肆意排放到黑海里，给黑海的海水又增加了一抹黑色。

1992 年，黑海沿岸国家开始实施对黑海的保护行动，仅仅 3 年黑海的水质就得到了明显改善，排污量大大下降。如果这样坚持下去，黑海抹掉这个"黑"字应该不会太远了。

最出名的假海——死海

死海是名副其实的"死"海，它的含盐量高达30%，是世界上最深的，也是最咸的湖。过高的含盐量和缺氧的状况让鱼虾在此难以存活。死海不仅水里没有鱼类，就连岸边也寸草不生。

最低最咸的湖

其实死海不是海，它是一个内陆盐湖，这个最咸的湖位于约旦，被夹在两个平行的地质断层崖之间。在这两块裂谷之间，它就像一个巨大的水盆。除了具有最深最咸的特点外，它还是地球上表面最低的湖，它的水面平均比海平面低400米。

死海中的盐从哪里来

由于死海含盐量很高，所以水中浮力很大，人进入死海，可以漂浮在海面上看书，即使是不会游泳的人，也会被巨大的浮力托起，不会沉没。这些都要依赖于死海的高盐度。为什么这里的海水比别处格外咸呢？死海不死，是众多游客喜欢去的地方。这是因为死海中含有很多矿物质，经过长年的沉积，盐分被积累得越来越厚，就成了最咸的海。另外由于死海位于沙漠中，降雨量不多，高气温让许多河流干涸，留下了很多盐分，这些盐分最终都被汇聚到死海里。

死海将会走向何方

地处高温地带的死海，时刻面临着大量水分被蒸发的状况，它的面积正在一点点缩小，如果继续下去，很可能未来某一天死海就会从地球上消失。为了改变死海的命运，科学家们想出种种设想，比如在死海和地中海之间开凿一条运河，这样比死海水平面高392米的地中海海水就能流入死海。同时还可以利用水流落差发电，将死海救活，或许这样死海才能获得一线生机。

海盗之海——加勒比海

看过影片《加勒比海盗》的人一定对加勒比海都有深刻的印象。的确，加勒比海可以说是海盗的天堂，这里资源丰富，盛产金枪鱼和龙虾，有"美洲地中海"之称。

多国的海岸线

加勒比海的面积有275万平方千米，是世界上最大的内陆海。它被大小安的列斯群岛和中美洲、南美洲大陆包围，沿岸有20多个国家，比地中海还多3个。这里的国家大多是美洲的，有中美洲的危地马拉、洪都拉斯等和南美洲的多巴哥、多米尼加等，是沿岸国家最多的海。

因海盗闻名

说到加勒比海，人们难免会想到那些驰骋于海上的海盗。加勒比海上真的有很多海盗吗？

加勒比海东西长 2800 千米，平均水深达 2491 米，阳光明媚，海水晶莹清澈。这样的场景怎么看都像是一个度假胜地，很难让人把它和海盗联系到一起。事实上从 16 世纪起，这里就活跃着很多海盗，有些海盗甚至具有国王授权的合法身份。加勒比海上小岛众多，为海盗们提供了良好的藏身之处。他们在这片海域上肆意地袭击航船，西班牙的运珠宝舰队更是他们攻击的主要对象。17 世纪的时候，这里是通往美洲的必经之地，得天独厚的条件，简直是上天赐给海盗的饭碗。因此当时海盗的活动十分猖獗，不仅商船屡遭袭击，就连舰队也难免会受到他们的攻击。

不咸的海——波罗的海

bù xián de hǎi —— bō luó dì hǎi

波罗的海是世界上盐度最低的海，其海水盐度仅为 0.7％~0.8％，远远低于世界海洋平均盐度 3.5％。这里的海面周围布满了国家，几乎被陆地环抱着，沿岸有瑞典、俄罗斯、丹麦、德国等 9 个国家。

与众不同的波罗的海海水

波罗的海的海水盐度十分低，这是因为波罗的海海区闭塞，外界的盐分无法进来。加之波罗的海原本就是一片被冰水淹没的海洋，水质很好，而且这里气温低，海水不易蒸发，周围又有 200 多条河流注入，淡水注入面积大，几乎是其本身集水面积的 4 倍，所以这里的海水盐度始终没有大的变化，一直低于世界海水的平均含盐度。

自然资源丰富

波罗的海的海洋动物种类并不多，只有大西洋鲱鱼、鳀鱼、鳕鱼、比目鱼、鲑鱼、鲽鱼、鳗、胡瓜鱼、白鱼、鸦巴沙和淡水鲈鱼等种类，不过数量很多。除了鱼类以外还有海豹。另外波罗的海还有矿产资源，如石油等。

受到污染

由于波罗的海一直都是航运的重要通道，尤其是20世纪90年代初，海上的轮船急剧增加，近两年来航行的轮船已经超过了4万艘。这些航船向大海排泄着废油，偶尔还会发生漏油现象，所以波罗的海受到了严重的污染。严重的海水污染令生活在这附近的海鸟不断死去，每年死于海水污染的海鸟就有2万只。还有很多在此越冬的鸟儿也没能幸免，数百万只就会有15万只死于油污。如果照此下去，很可能有一天这里将不会再有任何生物。

不平静的海洋——太平洋

葡萄牙航海家麦哲伦航行到这里的时候，看到这里海面平静，因此将其命名为太平洋。事实上太平洋并不太平，这里是火山和地震的高发地带，全球约85%的活火山和约80%的地震集中在这里。

名称的由来

太平洋的面积非常大，总面积为15555.7万平方千米，占地球表面积的1/3。关于太平洋的得名还要从航海家麦哲伦说起。1520年麦哲伦为了完成他的环球航海之旅，沿着大西洋绕过南美洲，一路航行在狂风巨浪的颠簸中。经过30多天的航行后，他们进入了一片大洋。这片大洋上天气晴朗，始终风平浪静，麦哲伦觉得这片大洋很"太平"，因此就将这片大洋命名为"太平洋"。

水温最高的大洋

太平洋的大部分海域都处在热带和副热带地区，因此气候十分温暖，它的海域有一半水温常年保持在20℃左右，还有1/4超过了25℃。

火山和地震最多的大洋

太平洋虽然看似比较平静，终年都利于航行，但其实并不平静。在它的海底有28条大海沟，其中包括世界上最大的马里亚纳海沟。这里还是地震和火山的频发地带，活火山多达360座。

太平洋的洋流

由于太平洋面积大，水体均匀，有利于行星风系的形成。太平洋的洋流在信风影响下自东向西运动，在菲律宾附近形成著名的黑潮。

黑潮在东经160°附近转向东流，形成北太平洋暖流。此外，对马暖流、加利福尼亚寒流、堪察加寒流等都与太平洋洋流有关。